●煤炭洁净利用与煤化工技术丛书

煤基活性炭

主 编●孙仲超 王 鹏

中国石化出版社

内 容 提 要

本书深入浅出地介绍了煤基活性炭的性质、分类、生产工艺及发展趋势，并详细介绍了目前我国最常见的几种活性炭的制备和应用现状，包括用于烟气净化的活性焦、饮用水深度净化炭、油气回收炭、碳分子筛等，最后对国内外煤基活性炭的现状和发展趋势加以分析。

本书可供从事煤基炭材料研究及生产的技术、管理人员参考，也适合环保、化工、能源等领域的相关人员使用。

图书在版编目（CIP）数据

煤基活性炭／孙仲超，王鹏主编．—北京：中国石化出版社，2016.1
ISBN 978-7-5114-3810-2

Ⅰ.①煤… Ⅱ.①孙… ②王… Ⅲ.①活性炭 Ⅳ.①TQ424.1

中国版本图书馆 CIP 数据核字（2016）第 014793 号

未经本社书面授权，本书任何部分不得被复制、抄袭，或者以任何形式或任何方式传播。版权所有，侵权必究。

中国石化出版社出版发行

地址：北京市东城区安定门外大街 58 号
邮编：100011　电话：(010)84271850
读者服务部电话：(010)84289974
http://www.sinopec-press.com
E-mail:press@sinopec.com
北京柏力行彩印有限公司印刷
全国各地新华书店经销

*

889×1194 毫米 大 32 开本 4 印张 93 千字
2016 年 3 月第 1 版　2016 年 3 月第 1 次印刷
定价：18.00 元

编委会

主　编：孙仲超　王　鹏

编写者：（以姓氏笔画为序）

　　　　王宇航　吴　涛　李艳芳

　　　　李兰廷　李雪飞　张进华

　　　　张浩强　国　晖　解　炜

　　　　熊银伍

前 言

本书深入浅出介绍了煤基活性炭的性质、分类、生产工艺及发展趋势,并详细阐述了目前我国最常见的几种活性炭的制备和应用现状,包括用于烟气净化的活性焦、饮用水深度净化炭、油气回收炭、碳分子筛等,最后对国内外煤基活性炭的现状和发展趋势加以分析。此书得以顺利出版,得到了国家科技重大专项"低浓度煤层气浓缩和安全输送技术及装备"(2011ZX05041-004)的资助。

本书适合从事煤基炭材料研究及生产的技术、管理人员,也适合环保、化工、能源等领域的相关人员参考使用。

目 录

第一章 概述 …………………………………………… (1)
　1.1 煤基活性炭的概念 ………………………………… (1)
　1.2 煤基活性炭的结构与性质………………………… (2)
　1.3 煤基活性炭的特性 ………………………………… (6)
　1.4 煤基活性炭的主要生产工艺与设备 …………… (9)
　1.5 煤基活性炭的质量检测 …………………………… (21)
　1.6 煤基活性炭的应用 ………………………………… (26)

第二章 烟气净化用活性焦 ………………………… (29)
　2.1 概述 …………………………………………………… (29)
　2.2 活性焦干法烟气净化的原理 …………………… (31)
　2.3 活性焦干法烟气净化的主要工艺 ……………… (33)
　2.4 活性焦的制备技术 ………………………………… (41)
　2.5 活性焦的生产现状 ………………………………… (45)
　2.6 活性焦的应用现状 ………………………………… (48)

第三章 饮用水深度净化用活性炭 ………………… (50)
　3.1 概述 …………………………………………………… (50)
　3.2 活性炭用于饮用水深度净化的原理 …………… (52)
　3.3 活性炭用于饮用水深度净化的主要工艺 …… (55)
　3.4 饮用水深度净化用活性炭的制备技术 ………… (57)
　3.5 饮用水深度净化用活性炭的生产现状 ………… (59)
　3.6 饮用水深度净化用活性炭的应用现状 ………… (61)

第四章　VOCs 回收用活性炭 …………………（64）
- 4.1　概述 …………………………………………（64）
- 4.2　活性炭用于 VOCs 回收原理 ………………（68）
- 4.3　活性炭用于 VOCs 回收的工艺技术 ………（70）
- 4.4　VOCs 回收活性炭的制备技术 ……………（72）
- 4.5　VOCs 回收用活性炭的生产现状 …………（76）
- 4.6　VOCs 回收用活性炭的应用现状 …………（78）

第五章　碳分子筛 ………………………………（81）
- 5.1　概述 …………………………………………（81）
- 5.2　碳分子筛分离气体的原理 …………………（82）
- 5.3　碳分子筛分离气体的主要工艺 ……………（84）
- 5.4　碳分子筛的制备技术 ………………………（86）
- 5.5　碳分子筛的生产现状 ………………………（90）
- 5.6　碳分子筛的应用现状 ………………………（93）

第六章　煤基活性炭的现状与发展趋势 ………（96）
- 6.1　国外煤基活性炭现状 ………………………（96）
- 6.2　国内煤基活性炭现状 ………………………（104）
- 6.3　煤基活性炭的发展趋势 ……………………（112）

第一章 概 述

1.1 煤基活性炭的概念

煤基活性炭是一种以煤为主要原料制备的、具有丰富的孔隙结构和较大比表面积的碳质吸附剂。煤基活性炭呈暗黑色，化学稳定性和热稳定性好，能够耐酸、耐碱腐蚀，不溶于水和有机溶剂，能经受水浸、高温和高压的作用，失效后可以再生。基于这些特性，煤基活性炭被广泛应用于工业、农业、国防、交通、医药卫生、环境保护等领域，其需求量随着社会发展和人民生活水平的提高，呈逐年上升的趋势，尤其是近年来随着环境保护要求的日益提高，使得国内外煤基活性炭的需求量越来越大，逐年增长。几种煤基活性炭的特性见表1-1。

表1-1 国内外常用的几种煤基活性炭的特性

型　　号	日本白鹭	美国 F-400	太原新华
原料与形状	煤，无定形	煤，无定形	煤，柱状
粒度/目	8~32	12~24	10~12
装填密度/(g/L)	475	480	450~530
真密度/(g/L)	2.0~2.2	—	2.2
比表面积/(m^2/g)	850	1020	900
微孔容积/(mL/g)	0.88	0.81	0.80
平均孔径/nm	4.1	2.1	—
强度/%	90	87	>75

1.2 煤基活性炭的结构与性质

1.2.1 煤基活性炭的原子结构

煤基活性炭的原子结构是一种含石墨微晶的乱层结构(图1-1)。所谓石墨微晶乱层结构是类似于石墨的二向结构,但其结构和石墨有所不同,平行的层片对于它们的共同的垂直轴并不是完全定向的,各平面不规则地相互重叠,从而形成乱层排列结构。最常见的基本微晶约由3~4个平行的石墨层片组成,它的直径约为一个碳的六角体宽度的9倍,基本微晶的大小常由于活化或者炭化温度的升高而增大。石墨状微晶间的空隙构成了孔隙,各微晶大小不等,微晶结构并不均匀,由此赋予了活性炭宏观上的吸附能力。此外,活性炭的构成元素除碳外,还有氮、氧、氢等其他元素,它们以表面官能团的形态存在,因而导致活性炭具有不同的表面化学性质。

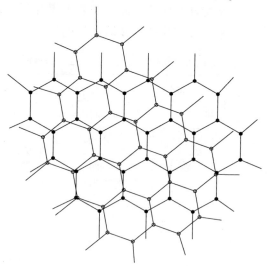

图1-1 炭微晶中的乱层结构

1.2.2 煤基活性炭的孔隙结构

煤基活性炭具有丰富的孔隙结构,形成了巨大的比表面积,使其具有吸附气体和液体分子的能力,因此,煤基活性炭的孔隙结构对其吸附性能有非常重要的影响。依据国际纯粹与应用化学联合会(IUPAC)的分类标准,活性炭表面的孔隙分为三大类:孔隙直径大于 50nm 的为大孔;孔隙直径在 2~50nm 之间的为中孔;孔隙直径小于 2nm 的为微孔。不同的孔隙直径能够发挥出其相应的机能。

大孔是吸附发生时吸附质的通道,其比表面积一般很小,本身也无吸附作用。当活性炭用于催化领域时,较大的孔隙作为活性组分负载的场所是十分重要的,此外对于生物活性炭也可以提供微生物及菌类生存繁殖的场所。因此,催化剂载体和生物活性炭需要一定数量的大孔。

中孔在活性炭的应用中起着十分重要的作用。中孔发达的活性炭对有机大分子有很好的吸附作用,常用于除去溶液中较大的有色杂质或呈胶状分布的颗粒;其次,中孔作为吸附质进入微孔的通道,在吸附动力学中起着重要的作用。此外,在催化领域,炭的中孔是活性组分及各种化学药品的主要担载场所。中孔的比表面积一般为 $20 \sim 70 m^2/g$,也可以采用特殊的原料和工艺制得中孔发达的活性炭以增强活性炭的脱色效果和气相吸附性能,此时,其表面积可达 $200 \sim 700 m^2/g$。

微孔的比表面积一般可达 $800 \sim 1000 m^2/g$,通常约占活性炭总比表面积的 90%~95%,具有很强的吸附作用。在吸附及充填过程中,其进程不仅依赖于孔隙形态,而且受吸附质性能以及吸附质-吸附剂间相互作用的影响。因此,微孔主要决定活性炭的吸附特性。

孔结构和孔形状对于吸附都有很大影响,微孔碳结构中存在的孔隙有:开孔型与半闭孔型,如图 1-2 所示。

吸附质分子的大小与活性炭孔隙的大小相适应时有利于吸

附,一般认为当孔隙大小为吸附质分子的2~4倍时最有利于吸附,因此,可以根据吸附质分子大小选择吸附性能最好的活性炭。但一般活性炭的孔径并不均一,因而选择性吸附效果差。采用特殊的方法可以制成孔径基本均一的活性炭用于选择性吸附,这类活性炭称为碳分子筛。

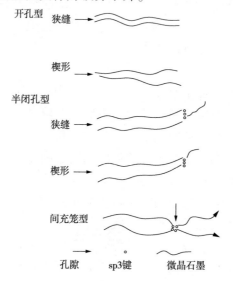

图1-2 微晶石墨结构中可能的微孔模型示意图

1.2.3 煤基活性炭的元素组成

煤基活性炭所含的化学元素中的80%~90%以上是碳,这也是活性炭作为疏水性吸附剂的原因。此外还包含有两类其他元素;一类是化学结合的元素,主要是氧和氢,这类元素是由于原料未完全炭化而残留在炭中,或者在活化过程中,外来的非碳元素与炭表面化学结合,如用水蒸气活化时,炭表面被氧化或水蒸气氧化;另一类是灰分,主要来源于原料煤中所含的SiO_2、Al_2O_3等灰分,它是活性炭的无机部分。

灰分的含量和组成受原料煤的影响很大,活化方法和后处理也有一定的影响,高灰活性炭的灰分可达10%左右。当原料灰分较高时，应先对原料进行脱灰处理以后再生产活性炭。灰分不仅对活性炭成品的使用性能影响较大，而且在活性炭的生产过程中也会造成影响。

氮和硫主要来源于原料中。在炭化及活化的过程中，大部分氮和硫会逸出，但仍会有微量残存在活性炭中。在某些特殊的应用场合，微量残存的氮原子会提高活性炭的催化活性。

活性炭中所含的其他微量杂质也必须尽可能地加以控制，尤其是砷。煤基活性炭已成为饮用水处理最主要的吸附剂，如用高砷煤生产活性炭会影响产品质量。

1.2.4 煤基活性炭的表面化学结构

煤基活性炭中微晶的大小和相互取向各不相同，微晶层晶格和其他层之间形成了桥键。同时，碳原子以外的其他杂原子或者结合在微晶的端部形成表面氧化物，或者进入碳原子的层内形成杂环化合物，打断了碳原子结合的规律性排列，从而形成了各种独特的表面化学性质。

氧和氢是煤基活性炭所含最多的杂原子，大部分以化学键与碳原子结合形成有机官能团，形成了活性炭组成的有机部分。活性炭表面可能存在的几种含氧官能团如图1-3所示。

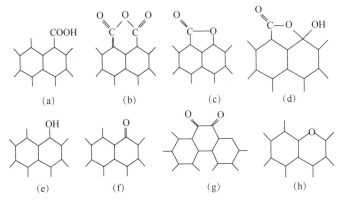

图1-3　活性炭表面的含氧官能团

在活性炭的表面，以含氧官能团的形式，分别存在着酸性官能团、中性官能团和碱性官能团。酸性官能团里有羧基（—COOH）、羟基（—OH）和羰基（—C＝O）；中性官能团里有醌型羰基；碱性官能团为（—CH$_2$）基或者（—CHR）基。一般来讲，活性炭的氧含量越高，其酸性也越强。具有酸性表面基团的活性炭具有阳离子交换特性，氧含量低的活性炭表面表现出碱性特征以及阴离子交换特征。除了含氧基团以外，含氮官能团也对活性炭的性能产生显著影响，可以通过活性炭与含氮试剂反应和用含氮原料制备两种方式引入。活性炭表面可能存在的几种含氮官能团如图1-4所示。

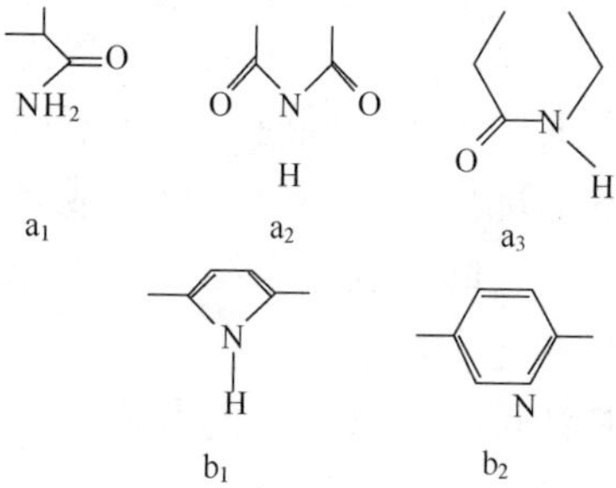

图1-4　活性炭表面的含氮官能团

1.3　煤基活性炭的特性

1.3.1　煤基活性炭的吸附性能

煤基活性炭具有高度发达的微孔、很大的比表面积，因此其优秀的吸附性能就成为了它最显著的特性。煤基活性炭的吸附作用可分为物理吸附和化学吸附，物理吸附的作用力是范德华力，作用较弱，被吸附的分子结构变化不大，接近于原气体或液体中分子的状态；化学吸附的作用力是较强的价键力，吸附后吸附质分子与吸附剂原子之间形成吸附化学键，组成表面络合物，其结构变化较大。

在煤基活性炭上的吸附，大多是可逆的物理吸附，在吸附、解吸过程中和吸附质不产生化学反应，解吸后活性炭表面又恢复到原来的状态。活性炭的这种物理吸附，可以用于回收和除去有机溶剂、各种气体净化、提取贵重药物等方面，用各种方法进行再生，反复使用。

与其他吸附剂相比，煤基活性炭有如下的特点：

1. 属于非极性的吸附剂

活性炭是疏水性的非极性吸附剂，能够有选择性地从空气中吸附浓度比水蒸气浓度低得多的有机化合物和除去水中的微量有机成分。

2. 比表面积大

活性炭的密度、孔隙率、孔容积、比表面积等物理性质见表1-2。与其他吸附剂相比，活性炭的比表面积最大，平均孔径最小。一般来说，比表面积大，吸附能力大，比表面积相同的活性炭，吸附力不一定相同，这是由于它们的孔隙形状、孔径分布、表面化学性质及灰分存在差别。

表1-2 煤基活性炭与其他几种吸附剂物理性质比较

物理性质	吸附剂			
	煤基活性炭	硅胶	矾土	活性白土(粒状)
真密度/(g/cm³)	2.0~2.2	2.2~2.3	3.0~3.3	2.4~2.6
颗粒密度/(g/cm³)	0.6~1.0	0.8~1.3	0.9~1.9	0.8~1.2
堆密度/(g/cm³)	0.35~0.6	0.5~0.85	0.5~1.0	0.45~0.55
孔隙率/%	0.33~0.45	0.4~0.45	0.4~0.45	0.4~0.45
孔容积/(cm³/g)	0.5~1.1	0.3~0.8	0.3~0.8	0.6~0.8
平均孔径/Å	12~20	20~120	40~150	80~180
比表面积/(m²/g)	700~1500	200~600	150~350	100~250

3. 具有较发达的孔隙结构

煤基活性炭(碳分子筛除外)的孔径分布范围较广，能吸附分子大小不同的各种物质，但选择性的吸附分离效果较差。

一般中孔发达的活性炭有利于液相吸附,而微孔发达的活性炭有利于气相吸附。吸附质分子的大小与活性炭孔隙大小相适应时有利于吸附,一般来讲,当活性炭的孔隙半径比吸附质分子的半径大 2~4 倍时,最有利于吸附。与其他吸附剂相比,活性炭具有巨大的比表面积和特别发达的微孔。通常活性炭的比表面积高达 500~1700m^2/g,这是活性炭吸附能力强,吸附容量大的主要原因。

4. 性质稳定并且容易再生

煤基活性炭的化学性质非常稳定,能耐酸、碱,可在比较大的酸碱度范围内应用;不溶于水和其他溶剂,可在水溶液和许多溶剂中使用;能经受高温和高压的作用,而且由于其催化活性,在有机合成中也常用作催化剂或载体。同时,使用失效后,可以用各种方法进行再生,使其恢复原来的吸附能力,反复使用。

1.3.2　煤基活性炭的表面改性

煤基活性炭的吸附特性取决于其表面物理结构和表面化学性质,表面物理结构决定了活性炭的物理吸附能力,而表面化学性质决定了活性炭的化学吸附能力。因此,通常对煤基活性炭进行改性处理以增强活性炭的吸附选择性和吸附容量。

活性炭的表面物理结构主要包括孔径分布、比表面积和孔容积等,这些特性决定了活性炭的物理吸附性能。不同孔径的孔在吸附过程中发挥的作用是不同的,对活性炭表面结构的改性着重于孔隙结构的调整,其目的就是使活性炭的孔径与吸附分子尺寸相当,以提高活性炭对不同吸附质的吸附速率和吸附量。孔隙调整的方法决定于活性炭的孔结构,如孔径的大小、孔容的大小等,有的需要开孔、扩孔,有的则需要缩孔。开孔和扩孔常用的方法是控制活化程度;而缩孔的方法很多,如热收缩法、浸渍覆盖法、气相热解堵孔法等。通常活性炭的表面结构改性方法主要通过强化活性炭制备过程中炭化、活化过程或者通过对成品进行碳沉积等过程进行孔隙调整来实现。

活性炭的化学性质主要取决于其表面的化学官能团、表面杂原子和化合物，不同的化学官能团、杂原子和化合物在活性炭表面形成不同的活性中心，对不同的吸附质具有明显的吸附差异。通过表面化学改性来改变活性炭的表面酸、碱性，引入或除去某些表面官能团，能够使活性炭具有某种特殊的吸附或催化性能。常见的改性方法有氧化改性、热处理改性、还原改性、酸碱处理改性、负载金属离子改性、酸碱改性、等离子体改性等。

需要注意的是，煤基活性炭在发生表面化学改性的同时，其表面基团、孔容积和孔径分布等物理性质往往也会发生改变，这也会大大影响活性炭的吸附性。因此，在进行表面化学改性时要考虑物理结构和化学性质双重变化造成的影响。

1.4 煤基活性炭的主要生产工艺与设备

煤基活性炭的大规模工业生产始于20世纪40年代的美国，目前煤基活性炭的生产工艺和设备已经比较成熟和完善。我国的煤基活性炭工业起步于20世纪50年代后期，在80年代中期开始较快发展，工艺和设备已经较为成熟。

1.4.1 煤基活性炭的主要生产工艺

目前国内外以无烟煤、烟煤和褐煤为原料生产活性炭的企业基本都采用气体活化法，主要生产工艺可分为原煤破碎活性炭、成型活性炭和粉状活性炭生产工艺3种，其中粉状活性炭工艺很少单独采用，一般作为其他工艺的副产品处理。成型活性炭生产工艺根据产品形态的不同又可以分为几种，比较常见的是柱状活性炭和压块活性炭生产工艺。在不同的生产工艺流程中，一般都包括备煤、成型、炭化、活化、成品处理5个过程（原煤破碎活性炭工艺不含成型过程）。我国最常见的煤基活性炭生产工艺有原煤破碎活性炭生产工艺、柱状活性炭生产工艺和压块活性炭生产工艺。

1. 原煤破碎活性炭生产工艺

原煤破碎活性炭生产工艺是煤基活性炭生产中较为简单的一种生产工艺，具有生产成本较低，设备投资较少的优点。该工艺以合格粒度原料煤为原料，直接通过炭化、活化生产得到破碎状、不定型颗粒活性炭，其生产工艺流程见图1-5。

图1-5　原煤破碎活性炭生产工艺流程图

原煤破碎活性炭工艺对原料煤的性质要求较高，较适合具有较高物理强度和反应活性的弱黏煤或不黏煤、无烟煤，其他煤种并不适合。该工艺生产的最终产品为不规则、颗粒状活性炭，主要用于工业废水处理，也可用于焦糖脱色、味精处理；其副产品——粉状活性炭可用于水处理，也可用于垃圾焚烧净化处理。

该工艺以前主要在我国山西大同地区应用，原因在于大同煤是化学活性较高的弱黏结性烟煤，因而形成了我国煤基活性炭生产最为集中的区域，不过随着开采煤层的深入和综采技术的推广，合适的原料煤越来越少，现在单纯采用原煤破碎活性炭工艺的生产企业已经越来越少。

2. 柱状活性炭生产工艺

与原煤破碎活性炭生产工艺不同，成型活性炭生产工艺需要先通过成型造粒，将原料煤制成一定的形状再进行生产，柱状活性炭生产工艺即是如此。

该工艺流程为：①将原料煤磨粉到一定细度（一般为95%以上通过180目），加入一定数量的黏结剂和水（采用催化活化法时则同时添加一定数量的催化剂）在一定温度下捏合一定时间；②待加入的黏结剂和水与煤粉充分地浸润、渗透和分散均匀后，通过成型机在一定压力下用一定直径的挤条模具挤压成炭条；③炭条经风干后炭化，炭化好的炭化料经筛分形成合格的炭化料，加入活化炉进行活化；④活化好的活化料经过筛分、包装即为柱状活性炭成品。活化料筛分时的筛下物能够用于生产副产品得以回收，其中颗粒部分可用于生产破碎状颗粒活性炭，粉末部分可以通过磨粉生产粉状活性炭。柱状活性炭成品有时需要按照市场需求进行酸洗、浸渍等处理，其生产工艺流程见图1-6。

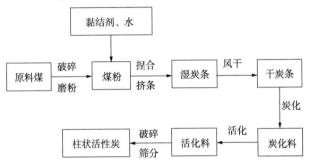

图1-6 柱状活性炭生产工艺流程图

柱状活性炭工艺是煤基活性炭生产中较为复杂的一种生产工艺，在国内外规模化工业生产已有几十年的历史，工艺技术比较成熟，应用比较广泛。该工艺在我国的发展始于20世纪50年代后期，当时由太原新华化工厂从前苏联引进斯列普活化炉生产线生产煤基柱状活性炭，经过国内几代活性炭技术人员的努力，该工艺得到了长足的提高和完善，尤其是80年代中期以后，该工艺在国内取得了飞速发展。目前该工艺在国内应用比较普遍，尤其是宁夏地区的煤基活性炭生产厂商基本都采用此工艺。

柱状活性炭工艺对原料适应比较广泛，可生产高、中、低档各类品种的活性炭，产品强度高，质量指标可调范围广，市场适应性好，产品应用范围比较广泛，既可用于气相处理，也可用于液相处理。

3. 压块活性炭生产工艺

该工艺流程为：①向原料煤中加入一定数量的添加剂或催化剂（有时加入少量黏结剂），磨成煤粉（一般要求80%以上通过325目）后，利用干法高压成型设备对混合均匀的粉料进行压块；②破碎筛分后，合格粒度的压块料再经炭化、活化过程得到活化料，再经破碎、筛分后得到破碎状颗粒活性炭成品。与柱状活性炭生产工艺相同，压块活性炭成品有时需要按照市场需求进行酸洗、浸渍等处理，活化料的筛下粉末可通过磨粉制成粉状活性炭副产品。压块活性炭生产工艺流程见图1-7。

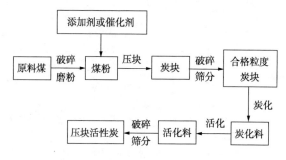

图1-7　压块活性炭生产工艺流程图

在国外，压块活性炭生产工艺的应用比较普遍，在国内，该工艺最早应用始于20世纪90年代后期，目前仍处于起步阶段。90年代后期，煤炭科学研究总院北京煤化工分院的活性炭技术人员率先在国内成功开发了这项技术并在山西建成一条工业化生产线，至今已有近20年的成功生产历史。

由于压块活性炭生产工艺采用的是对磨粉后的原料进行干法造粒，一般要求原料煤具有一定的黏结性，因此该工艺只对具有一定黏结性的烟煤或低变质程度的烟煤适用，而高变质程度的无烟煤及没有黏结性的褐煤和泥炭则难以采用此工艺生产煤基颗粒活性炭。

压块活性炭生产工艺可生产高、中、低档各类活性炭，产品的强度较高，产品的质量指标可调范围广。由于该工艺使用的原料煤为烟煤，生产出的煤基颗粒活性炭产品中孔较为发达，因此该工艺生产出的煤基颗粒活性炭成品非常适合用于饮用水深度净化等液相处理。

1.4.2 主要工艺单元的作用

前已述及，在煤基活性炭不同的生产工艺中，一般都包括备煤、成型、炭化、活化、成品处理5个过程单元。其中，备煤单元主要是通过破碎、筛分、磨粉等过程将原料煤处理到一定的粒度，成品处理单元主要是将活化料破碎、筛分、包装等处理过程，均是比较常见的辅助工艺单元，而成型、炭化、活化3个单元则是对活性炭产品质量有重大影响的主要工艺单元。

1. 成型

成型单元是压块炭、柱状炭等成型活性炭所特有的工艺单元，其所起的作用：①形成最终产品的初始外观形状和基本宏观强度；②在应用越来越多的配煤进行活性炭生产的工艺过程中，促使多种原料煤形成宏观性质较为均匀的整体结构。

压块炭的成型是将原料煤粉（可能是一种或几种）加入成型机的模具内，在高压条件下，通过煤中的黏结性组分的黏结力、煤分子之间的吸引力及煤中的黏结性组分在高压条件下发生热缩聚，将物料压成具有一定强度的块状或片状颗粒。由于压块成型机压出的块状或片状颗粒粒度较大，因此还需要通过破碎筛分（大块返回破碎，筛下物返回压块机）制成符合粒度工艺要求的不定形颗粒。

柱状活性炭的成型单元包括捏合、挤条及风干等步骤。捏合对柱状活性炭最终产品的强度、外观及产品的得率都有很大影响，其过程是将一种或几种煤粉与一定数量的黏结剂（最常见的是煤焦油）和水在一定温度下进行充分混合、搅拌，煤粉在黏结剂和水的存在下产生界面化学凝聚形成膏状物料，具有挤压变形的可塑性，易于成型和提高产品强度。挤条过程则是将捏合好的煤膏在高压下通过一定规格的模具，煤膏发生复杂的弹性与塑性变形,最终成条状被挤出。成型好的炭条必须通过一定时间的风干使存在于物料内部的水分扩散到物料表面并被蒸发出去,使得物料内部结构致密化,从而达到炭条硬化并提高强度的目的,以保证后续生产和最终产品的质量。

2. 炭化

炭化单元实际上就是原料的低温干馏过程。在该过程中,物料在一定的低温范围内和隔绝空气的条件下逐步升温加热,物料中的低分子物质首先挥发,然后煤及煤焦油沥青分解和固化。整个炭化过程中物料会发生一系列复杂的物理和化学变化,其中物理变化主要是脱水、脱气和干燥过程;化学变化主要是热分解和热缩聚两类反应。物料在热分解和热缩聚反应过程中析出煤气和煤焦油,形成具有基本石墨微晶的结构,这种结晶物呈不规则排列,微晶之间的空隙便是活性炭的初始孔隙。因此,炭化的目的就是使物料形成容易活化的二次孔隙结构并赋予其能经受活化所需要的机械强度。炭化终温和升温速率是炭化单元需要控制的主要工艺条件。

3. 活化

物料在炭化单元中已经具备了基本的孔隙结构,活化单元就是在保持物料一定强度的前提下,通过工艺措施使炭化料具有发达的孔隙结构和巨大的比表面积,从而达到活性炭所要求的技术性能。活化单元是煤基活性炭生产过程中最关键的工序,它直接影响到成品的性能、成本和质量,活化也是活性炭生产过程中操作复杂、投资较大的核心工序。按照活化方式分类,活性炭的生产方法目前分为三种,即气体活化法、化学药品活化法及化学物理活化法,我国煤基活性炭生产中最常见的是气体活化法。

活化过程属于气、固相系统的多相反应,包括物理扩散和化学反应两个过程。气体活化的过程就是用活化气体与碳(C)发生氧化还原反应,侵蚀炭化物的表面,同时除去焦油类物质及未炭化物,使炭化料的微细孔隙结构发达的过程。通过气化反应，使炭化料原来闭塞的孔开放、原有孔隙扩大及孔壁烧失、某些结构经选择性活化而产生新孔的过程。孔隙的形成与 C 的氧化程度密切相关，在一定的活化烧失率范围内，活化气体与炭化料的气化反应程度越深，生产出的活性炭比表面积就越大、孔隙就越发达、活性炭的吸附性能就越好。

目前的研究表明，活化反应通过三个阶段最终达到活化造孔的目的：开放原来的闭塞孔，扩大原有孔隙，形成新的孔隙。随着活化反应的进行，孔隙不断扩大，相邻微孔之间的孔壁被完全烧失而形成较大孔隙，导致中孔和大孔孔容的增加，从而形成了活性炭大孔、中孔和微孔相连接的孔隙结构，具有发达的比表面积。

气体活化法的基本原理是采用水蒸气、烟道气(主要成分为 CO_2)或其混合气体等含氧气体作为活化剂，在高温下与 C 接触发生氧化还原反应进行活化，生成 CO、CO_2、H_2 和其他碳氢化合物气体，通过 C 的气化反应(烧失)达到在碳粒中造孔的目的。其主要化学反应式为：

$$C + 2H_2O \longrightarrow 2H_2 + CO_2$$
$$C + H_2O \longrightarrow H_2 + CO$$
$$C + CO_2 \longrightarrow 2CO$$

活化单元需要控制的主要工艺条件包括活化温度、活化时间、活化剂的流量及温度、加料速度、活化炉内的氧含量等。

1.4.3 煤基活性炭的主要生产设备

1. 压块炭成型设备

压块活性炭的成型单元主要采用干法辊压造粒技术，目前国内外活性炭生产企业采用的压块成型造粒设备均为干法辊压造粒机(图1-8)，对含水量小于10%的粉状物料进行压缩成块、片或团，再经过破碎、整粒、筛分，使块、片或团状物料变成符合使用要求的颗粒状物料。在压块过程中，物料被强制通过两个反向旋转的辊轮间隙，压缩成块、片或团，使其表观密度提高 1.5~3 倍，从而达到一定的强度要求。干法辊压造粒机全套设备一般由定量送料机、双辊辊压主机、破碎机、整粒机和多级旋振筛组成。

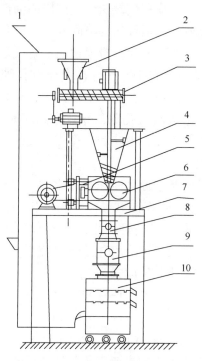

图 1-8　干法辊压造粒机示意图

1—斗式提升机；2—振动给料斗；3—定量送料器；4—主料斗；5—液压油缸；6—双辊辊压主机；7—机架平台；8—破碎机；9—整粒机；10—多级旋振筛

干法辊压造粒机的特点是：①物料经机械压力强制压缩成型，不破坏物料的化学性能，不添加任何湿润剂，使产品纯度得到保证；②干粉直接造粒，无需后续干燥过程，更有利于现有生产流程的衔接和改造；③颗粒强度高，装填密度指标的提高较其他造粒方式更为显著；④可控制环境污染，减少粉体浪费和包装成本，提高产品运输能力；⑤结构紧凑、操作简便、原料适应范围广。

2. 柱状炭成型设备

柱状成型造粒设备的种类很多，目前国内外用于煤基活性炭生产的成型设备主要有液压机、螺杆挤条机和平模碾压造粒机，这三种设备各有其优缺点(表1-3)。

表1-3 柱状成型设备比较小结

设备类型	优 点	缺 点
液压机	压条质量均匀、运行可靠、设备维修量小、压条直径范围宽	间歇式生产，单机生产能力偏小
螺杆挤条机	结构简单、造价低、易制造、易修理	操作和维修工作量大，螺杆易磨损，物料挤出孔容易堵，对捏合料的配比和捏合程度要求严格
平模碾压造粒机	成粒率高，无返料；颗粒强度高，二次粉化率极低；单机生产能力大；运行稳定可靠，生产过程连续化和封闭化，环境清洁，节省人力；压条直径范围宽	造价偏高

液压机属于间歇生产设备，其工作过程主要是将捏合好的物料加入压缸内，压头进入压缸向下顶压物料，物料则通过挤条模具的模孔被挤压成圆柱状炭条排出。当压缸内的物料全部被压出之后压头自下而上运动，完成一次压条过程，如此往复。液压机是目前国内柱状炭生产企业中使用最普遍的成型设备。

螺杆挤条机工作过程就是将捏合好的物料由加料斗连续加入，通过单根或两根反方向转动的螺杆不断向前挤动，一直推到挤出孔板处被强制连续挤出，成为一定规格的圆柱状炭条。

平模碾压造粒机的工作原理则是将加入机内的物料经辊轮挤压，被强制从钢制开孔平模挤出，挤出的圆柱状颗粒在模板下面被刮刀切断，从而得到圆柱状颗粒。

平模碾压造粒机是目前最先进的柱状造粒技术，具有成粒率高、颗粒强度好、单机生产能力大、生产过程连续化和封闭化的优点，目前国外大的活性炭生产企业挤条造粒使用的设备基本都是平模碾压造粒机，在国内的生产企业中该设备也正在普及。

3. 炭化设备

炭化炉是最主要的炭化生产设备，国内最常见的炉型是回转炭化炉，根据加热方式的不同可以分为外热式和内热式两种。外热式回转炭化炉主要通过辐射加热物料，物料氧化损失较小；内热式回转炭化炉则是物料直接与加热介质接触，因而物料氧化程度较高，且其热效率高，产品具有较高的得率和强度，目前国内的活性炭生产企业多采用内热式回转炭化炉。

外热式回转炭化炉主要由筒体、外加热器、支撑体和传动机构组成。炉体内物料不与烟气接触，通过加热炉加热转筒筒壁加热物料，物料在转筒内被翻料板不断扬起加热，炉体一般选用轻质耐火保温砖或全纤维结构，转筒根据温度及物料性质选用不同材质的钢材。外热式回转炭化炉自动化程度高，维护及操作简单，温度控制稳定，活化反应速率稳定，尾气产生量少且易于回收处理，连续化生产运行稳定。

内热式回转炭化炉是一个组合传动设备，主要由加料仓、炉尾、炉体（回转筒体）、炉头（燃烧室）及传动装置组成（图1-9），其工作原理是加热介质和被炭化的物料在一定的温度范围内连续直接接触，相互逆向流动。物料由低温区向高温区移动，逆向而来的加热介质不断将热量供给物料，物料温度逐步提高，从而完成脱水、脱气、干燥、热分解、热缩聚等过程，最后从高温区的出料口排出；加热介质由高温区向低温区移动，由于不断将热量供给物料，自身温度逐步降低并携带炭化过程中物料产生的大量挥发物，最后由炉尾的烟气出口排出。加热介质一般为热气流，可通过煤气、天然气、焦油、重油等在燃烧室中燃烧获得，目前国内也有一些小型企业通过燃烧煤炭获得。

在内热式回转炭化炉中，主要通过燃烧室中的燃烧温度来控制物料的炭化终温，而物料入口（炉尾）温度和炉体的轴向温度梯度分布则主要依靠加料速度、炉体长度、转速及烟道抽力来控制。加料速度、炉体长度和转速主要调整的是物料在炉体内的停留时间即炭化时间，烟道抽力则是调整加热介质的流动速度从而改变炉体内的温度梯度分布。

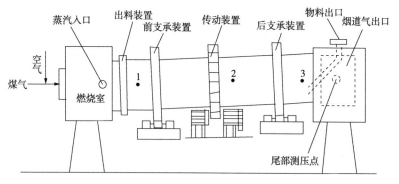

图 1-9 内热式回转炭化炉示意图
1—出料口测温点；2—中部测温点；3—尾部测温点

4. 活化设备

活化炉是煤基活性炭生产过程中的核心设备，目前应用较多的有耙式炉(多膛炉)、斯列普炉和回转活化炉。

耙式炉也称多膛炉，于 20 世纪 50 年代在美国开始使用，目前工艺技术已经非常成熟，美国、欧洲和日本等国的大型活性炭企业均采用这种炉型和技术。耙式炉是由多个圆桶形炉膛床层叠连在一起的工业炉，外壁为钢制结构，内壁为耐火材料砌成。炉中心垂直装有一根转动主轴，每层炉床上都有 2 个或 4 个带有耙齿的伞状耙臂安装于空心转轴上并随其转动。主轴及耙臂均为空心结构，不断鼓入空气进行冷却。各层炉壁上，根据需要安装燃烧煤气或燃料油的喷嘴、空气入口、水蒸气入口等(图 1-10)。耙式炉工作时，炭化料从炉顶进入，耙臂随主轴一同转动，上面的耙齿连续地推进和翻动物料，最后由炉床中部的落料孔落入下一层炉床；在下一层炉床上，物料再被耙齿翻动、推动，由炉床外侧的落料孔落入第三层炉床。如此

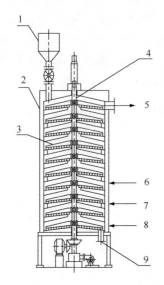

图 1-10 耙式炉示意图
1—进料斗；2—钢板外壳；3—耙臂；
4—主轴；5—活化尾气；6—水蒸气；
7—燃料气；8—空气；9—出料口

重复，物料由上到下缓慢移动，并完成活化过程。各层的温度可以通过启动燃烧喷嘴的数量及其燃烧状况进行调节，燃烧产物烟道气和由炉壁通入的水蒸气与物料逆流接触进行活化反应，最终由炉顶的烟道气出口排出。

耙式炉的优点主要是：①机械化、自动化程度高，劳动强度低，生产环境好；②单台设备生产能力大（可达10000t/a）；③炉内的温度等工艺条件能够精确地控制，物料与活化气体的接触状况比较好，产品质量均匀稳定；④物料在炉内停留时间短，产品得率高；⑤更换原料及调整工艺过程快，开炉及停炉时间短等。

耙式炉的主要缺点是：①设备投资大，主轴等部件对材料的耐热性能要求高；②正常生产时需要外部供给部分热量。

斯列普炉是我国于20世纪50年代从前苏联引进的活化设备，是目前我国煤基活性炭生产企业主要采用的活化设备。斯列普炉主要由活化炉本体、下连烟道、上连烟道、蓄热室4个部分所组成。本体炉膛正中有一堵耐火砖墙将本体分成左、右两个半炉，这两个半炉通过下连烟道相互连通。物料进入炉体内后，受重力作用沿活化槽缓慢下行，先后经过预热段、补充炭化段、活化段、冷却段，最后由下部卸料器卸出。物料在预热段利用炉内热量预热除去水分；在补充炭化段，受高温活化气体间接加热，提高温度并进行补充炭化；在活化段，物料与水平方向流动的活化气体直接接触进行活化；在冷却段，产品热量通过炉壁散热进行自然冷却。

斯列普炉的主要优点是：①正常生产时不需要外加热源，活化时产生的水煤气通过燃烧保持活化炉的自身热平衡；②能同时生产多个原料品种的活性炭；③易于控制，操作稳定，日常维护工作量小；④设备使用寿命长（生产煤基活性炭一般可使用6~10年）。斯列普炉的主要缺点是：结构复杂，建设周期较长，开、停炉困难，更换原料及调整工艺过程慢，难于实现自动化生产，并且对原料粒度及堆密度有一定的要求。

回转活化炉结构与内热式回转炭化炉类似，物料与活化气体混合物逆向流动接触活化，是目前国内外中小企业使用较多的一种活化设备。它的优点主要是：投资小，建设周期短；更换原料及调整工艺过程快，开、停炉方便。其主要缺点是：正常生产时需要不断外加热源，单台设备生产能力小（单台最大为1000t/a，以生产碘值1000mg/g、CTC60%活性炭计），工艺控制调节比较困难，产品质量易出现较大波动。

1.5 煤基活性炭的质量检测

由于煤基活性炭产品种类繁多，用途各异，质量差异较大，因此对其进行物理性能、吸附性能和表面结构的检测，对指导煤基活性炭的生产和应用是非常重要的。目前除常规检测方法已比较完善外，随着活性炭产品研发的不断深入，特殊用途的新型活性炭检测方法也正在制定中。

目前，我国在活性炭的生产和销售中主要采用以下几种检测标准：

GB（中华人民共和国国家标准）：《煤质颗粒活性炭试验方法》（GB/T 7702—2008）是在 GB/T 7702.1~7702.22—1997基础上进行部分修订而制定的现行标准，主要用于气相吸附和液相吸附领域，包括对活性炭的物理性能、吸附性能和表面结构的相关检测方法。

ASTM（美国材料与试验协会）：该试验方法可以作为世界

性的活性炭试验标准,其中用液相等温线法测定活性炭吸附容量的标准方法是脱除水中污染物和表面活性剂等杂质的最基本方法。另外,ASTM 标准还包含对活性炭水溶物的测定方法和活性炭丁烷活性及工作容量的检测方法。

JIS(日本工业标准):该方法现在采用的是 JISK1474—2014,将活性炭吸附能力分成液相吸附、气相吸附以及焦糖脱色试验。

AWWA(美国水行业协会):包括粉状和粒状活性炭标准,是经过美国国家标准学会批准的国家标准,并于 1991 年生效实施。这两项标准主要针对水处理用活性炭的检测,其中对酚吸附值和单宁酸的检测是最重要的两项指标检测。酚吸附值表征活性炭对一些味和臭的脱除能力,单宁酸是以腐烂植物进入水中的有机化合物为代表,进行这两项指标的检测,对自来水厂是非常必要的。

此外,还有一些不同行业根据其实际需要而制定的行业标准。

由于活性炭的应用越来越广泛,新产品和新技术不断涌现,如现阶段用于烟气脱硫、脱硝的活性焦产品,要求进行脱硫、脱硝性能检测,而现有的活性炭检测标准中没有对应的综合性能检测方法,因此,科研单位、生产厂家以及用户就要联合制定对应的检测方法来进行该产品的性能评价。

下面对《煤质颗粒活性炭试验方法》(GB/T 7702—2008)中常见的检测方法逐一介绍。

1. 水分的测定

一般采用烘干法,即将活性炭在(150±5)℃下恒温干燥 2h 以上直至恒重,以失去的水分质量占原试样质量的百分数来表示水分。由于活性炭是孔隙非常发达的吸附剂,在空气中放置时间越长,吸附水分越多,将直接影响其吸附性能。

2. 粒度的测定

使用安装在震筛机,由上而下的一组目数逐渐增大的筛子进行测定,经过震荡后称量并计算保留在各筛层上的试样质量占原试样质量的百分数,从而得到粒度分布。通过粒度分布所得到的数据可以计算平均粒度直径、有效尺寸和均一系数。平均直径影响活性炭在装填床层中的压力降和吸附速度,有效尺寸和均一系数常用于城市水处理。

3. 强度的测定

采用球盘强度测试仪,用保留在强度试验筛上的试样质量所占总质量的百分比作为活性炭的强度,用于表征活性炭在使用过程中的抗磨损能力。

4. 装填密度的测定

使用一定体积的量筒进行测定,装填密度为活性炭的质量与填充量筒的体积之比。装填密度的大小和活性炭吸附性能及强度等指标有密切的关系,同时反映活性炭的活化程度。

5. 水容量的测定

取一定质量的活性炭,吸水饱和后,用活性炭所吸水的质量与试样质量的百分比表示活性炭的水容量。活性炭的水容量是评价活性炭总孔容积的简易方法。

6. 亚甲基蓝吸附值的测定

使用已知浓度的亚甲基蓝溶液,通过活性炭吸附后再使用分光光度仪测定。亚甲基蓝可以表征活性炭中孔数量多少,是活性炭液相吸附的重要指标。

7. 碘吸附值的测定

取一定量的活性炭与已知浓度的碘溶液混合震荡过滤后,移取一定量的澄清液用已知浓度的硫代硫酸钠滴定,计算每克活性炭吸附碘的量。碘值可以表征活性炭微孔数量的多少,判断活化程度的高低,是活性炭吸附性能的最常用指标之一。

8. 苯酚吸附值的测定

将活性炭与苯酚溶液充分震荡吸附,过滤混合溶液后,采用溴酸钾法,用硫代硫酸钠溶液滴定,计算出每克活性炭吸附苯酚的质量,主要用于表征活性炭对烷烃的吸附能力。

9. 着火点的测定

使用石英灼管和带有程序升温的加热炉进行测定,将活性炭放入石英灼管中并程序升温至热电偶测得炭层温度突然升高着火为止。由于用于气相吸附的活性炭可能受外部加热或吸附过程本身放热,炭层可能着火,因此根据实际应用的需要,检测活性炭的着火点十分必要。

10. 苯蒸气、氯乙烷蒸气防护时间的测定

防护时间是指在规定的实验条件下,将含有一定蒸气浓度的空气流不断地通过活性炭试样层,从通入开始,至透过浓度达到规定值,这段时间间隔作为该活性炭对某蒸气的防护时间。苯蒸气、氯乙烷蒸气防护时间的测定,是对防护性能评价的有效方法。

11. 四氯化碳吸附率的测定

在规定的实验条件下,将含有一定四氯化碳蒸气浓度的混合空气流不断地通过活性炭层,当活性炭达到吸附饱和时,试样所吸附的四氯化碳质量与试样质量的百分比即为四氯化碳吸附率。四氯化碳吸附率主要用来评价活性炭的气相有机物吸附能力。

12. 硫容量的测定(硫化氢)

在一定的试验条件下,利用活性炭的多孔性,吸附硫化氢气体,在氧气和氨气存在的情况下,发生催化还原反应,析出的单质硫附着在活性炭上,直至达到吸附饱和为止。

穿透硫容量测定是在一定的试验条件下,利用活性炭的多孔性,吸附一定浓度的硫化氢气体,当透过活性炭试料层的硫化氢气体浓度达到体积分数 50×10^{-6} 时,这段时间内每克活性炭吸附硫化氢气体的质量即为活性炭的穿透硫容量。

硫容量主要表征活性炭在烟气净化过程中脱硫性能的高低。

13. 灰分的测定

将一定质量的活性炭试样经过高温灼烧,所得残渣占原试

样质量的百分数。活性炭灰分的高低直接影响其吸附性能,尤其对液相吸附影响较大。

14. pH 值的测定

将活性炭在沸腾过的水(去离子水或蒸馏水)中煮沸,测定其冷却滤液的 pH 值。检测活性炭的 pH 值,目的是要掌握该活性炭的酸碱性,因为在实际应用过程中,当含有吸附质的流体通过活性炭层时,炭层和流体之间可能发生化学反应,而 pH 值可能是这一反应的一个有效参数。

15. 漂浮率的测定

将活性炭试样烘干,置于盛有定量水的容器内浸渍,经搅拌、静置后,将漂浮在水面上的试样取出烘干至恒重,求出漂浮率。漂浮率主要用于液相净化和水处理用活性炭的检测,漂浮率的值越低,表明该活性炭越适合作水处理用炭。

16. 焦糖脱色率的测定

利用活性炭的多孔性对焦糖试验液进行脱色处理,脱色后剩余焦糖浓度与焦糖液原始浓度的比值即为焦糖脱色率。焦糖脱色率的大小一般是衡量活性炭液相吸附较大分子能力的指标之一。

17. 四氯化碳脱附率的测定

在规定的试验条件下,对吸附四氯化碳饱和后的活性炭进行脱附,脱附至恒重后,以脱附的四氯化碳占饱和吸附的四氯化碳质量分数表示被测活性炭对四氯化碳的脱附能力。

18. 孔容积和比表面积的测定

活性炭的总孔容积是通过测定活性炭的真密度、颗粒密度来计算所得的;比表面积的测定则是把相对压力 $0.05 \sim 0.35$ 范围内的吸附等温线数据,按 BET 方程式,求出试料单分子层吸附量,根据吸附质分子截面积,计算出活性炭试样的比表面积。孔容积和比表面积都是表征活性炭吸附性能的重要指标。

目前,随着我国活性炭出口量的不断增加和国内活性炭应用领域的不断扩大,对活性炭产品的检测标准和检测方法都提出了更高的要求。我国的检测标准要向国际先进标准靠拢并逐步与之接轨，使检测结果具有通用性和可比性。同时，还要根据我国国情，制定一些行业标准和企业标准，用于工厂生产过程的产品监控，尽量使检测方法简单、易懂、易操作，使之既节约时间、节约药品，又能基本达到与国标同样的检测结果。因此，我们应在进行活性炭产品检验过程中不断完善其检测标准和方法，使之具有更广泛的适用性。

1.6 煤基活性炭的应用

煤基活性炭的应用多以气相吸附、液相吸附和催化作用为主，被广泛应用于水处理、溶剂回收、食品的脱色净化、气体分离及气体净化等各个领域。此外，一些经过特殊加工处理的煤基活性炭还可作为高效的脱硫剂、催化剂及催化剂载体。

1.6.1 液相应用

煤基活性炭的液相应用主要包括水处理、食品工业脱色及贵金属回收等。

1. 水处理

煤基活性炭对水中的溶解态有机物，如苯类化合物、酚类化合物等具有较强的吸附能力，而且对其他方法难以去除的有机物，如色度、异臭、表面活性物质、除草剂、合成染料、胺类化合物等都有较好的去除或回收效果。其用于水处理中通常分为饮用水净化和污水净化，污水处理又分为城市生活污水处理和工业废水处理两类。

2. 食品工业脱色

活性炭在食品工业中使用的主要目的是除去色素及其前驱物质、调整香味、脱臭、除去胶体、除去妨碍结晶的物质及提高产品的稳定性能和品质。广泛用于制糖、制造味精的过程中。此外，脱色活性炭还用于饮料、有机酸、无机酸、药品、其他有机物质、脂和油、树脂、盐和无机物质等的脱色。

3. 贵金属回收

用活性炭提取黄金等贵金属已在国内外金矿得到大量应用。矿石中的金矿物经氰化物浸出后，生成溶于水的金氰络合物，大多数金氰络合离子可以被活性炭吸附，再经进一步处理后回收金。

1.6.2 气相应用

煤基活性炭的气相应用主要包括溶剂回收、油气回收、室内气体净化、毒气防护以及烟气净化等。

1. 溶剂回收

采用活性炭吸附法净化、回收尾气中的有机组分的工业应用已比较成熟，对苯、醋酸乙酯、氯仿等挥发性有机物的回收非常有效。目前，我国已在印刷、油漆、橡胶、胶片、造纸等很多行业成功应用了活性炭吸附技术进行溶剂回收。

2. 油气回收

为防止汽油挥发而浪费燃料和污染环境，利用性能优良的活性炭对油气进行选择性吸附，实现油品蒸汽的吸附回收。

3. 室内空气净化

活性炭对挥发性有机化合物如苯、甲醛、烷类等和无机气体如 SO_2、H_2S、NO_x、CO 等都有很强的吸附能力，是目前室内空气净化器中重要的吸附材料。空气净化的内容主要包括脱臭、脱异味、除湿、氟里昂和臭氧脱除等。

4. 防毒保护

防毒保护是活性炭最早的气相应用领域之一。与早期相比，现在防毒保护用活性炭的性能已有很大提高，除防护毒气外，还应用于原子反应堆或应用放射性物质的一些领域，用于吸附、清除放射性气体和蒸汽，防止放射性污染。

5. 烟气净化

用于烟气脱硫的活性炭称为活性焦，是一种低比表面积、高强度的煤基活性炭。对燃煤烟气中含有的多种有害物质(如SO_2、NO_x、烟尘粒子、汞、二噁英、呋喃、重金属、挥发分有机物及其他微量元素等)可同时进行脱除、净化。

1.6.3 用作工业催化剂或催化剂载体

煤基活性炭本身可以作为催化剂催化多种反应,同样也是一种优良的催化剂载体。煤基活性炭能够与其负载的其他物质形成络合物催化剂,二者作为一个整体产生更强的共催化作用。以活性炭作为催化剂或催化剂载体的催化反应非常广泛,包括卤化、脱卤化、氧化、还原、脱氢、裂解、异构化、聚合等。

1.6.4 土壤污染治理

煤基活性炭对土壤污染的治理主要包括土壤修复和土壤改良两个方面。

1. 土壤修复

目前常用的污染土壤修复技术有洗涤法、热处理和水蒸气法三种。在这三种方法中,均是先将土壤中的污染物转移到液相或气相中,再通过活性炭脱除。尽管转移途径不同,都需要使用活性炭作为最后的吸附剂。根据污染物的不同,需选用不同的活性炭进行针对性地吸附。

2. 土壤改良

将适量的活性炭加入土壤中,能够改善土壤的物理结构和化学性能,调节肥料、农药的施用效果,减少农药、化学品的污染,还能改善贫瘠土壤,促进植物幼苗生长。

1.6.5 用作双电层电容器电极

活性炭是目前已经商业化的双电层电容器的主要电极材料。为了提高活性炭电极的体积比容并使活性炭粉末或纤维之间尽可能紧密地接触以提高其导电率,人们研制了固体活性炭。固体活性炭是将高比表面积的粉状活性炭与酚醛树脂、热分解型树脂混合、成型、高温煅烧制得,因而是一种活性炭与炭的复合材料。

第二章 烟气净化用活性焦

2.1 概述

活性焦是一种专门用于烟气净化的特殊活性炭产品。活性焦的化学稳定性和孔隙结构与普通活性炭基本一致，而物理吸附性能、化学吸附性能、催化活性略低于活性炭。相比于活性炭，活性焦具有颗粒大、堆比重高、机械强度高、表面官能团丰富、活化程度低、比表面积较小等特点。活性焦克服了活性炭价格昂贵、机械强度低、易粉碎的缺点，同时又保持了活性炭孔隙结构发达、表面官能团丰富和较强吸附性能的优点。

活性焦具有较大的表面积、发达的孔隙结构、丰富的表面基团，同时有负载性能和还原性能。既可作吸附剂，通过物理吸附原理吸附不同分子物质，又可作催化剂载体，负载的物质和官能团与需要去除的污染物反应，通过化学反应将其留在活性焦表面。此外，活性焦作为催化剂载体，可降低反应活化能，大大催化了化学反应的进行。同时，活性焦表面的碳原子还可作为还原剂参与反应，为烟气提供一个还原环境。

活性焦具有的非极性、疏水性、较高的化学稳定性和热稳定性等特点，并具有独特孔隙结构和表面化学特性，以及催化性能、负载性能和还原性能，再加上本身的高强度，决定了活性焦作为一种烟气净化物质具有非常好的先天条件。

活性焦可以实现 SO_2、NO_x 和 Hg 的一体化联合脱除，同时能除去废气中的粉尘、二噁英及其他有毒物质，可实现烟气的深度处理。对于目前已工程化的活性焦干法烟气净化技术，

SO_2 脱除率可达到 98% 以上，NO_x 的脱除率可超过 60%，同时脱除塔出口烟气粉尘含量可低至 $20mg/m^3$。

活性焦烟气净化技术最早于 20 世纪 60 年代由德国 BF 公司研究开发，到了 70 年代后期，已有数种工艺在日本、德国及美国得到工业应用，其典型的方法有：日立法、住友法、鲁奇法、BF 法及德国 Lurgi 法等。至今，日本、德国已逐渐将该技术用于各种工业装置上，如石油精炼、废液焚化炉、石油化工装置和钢厂的烧结装置等。

我国在 20 世纪 90 年代末，由煤炭科学研究总院和南京电力自动化设备总厂联合开发了活性焦烟气脱硫技术，并成立上海克硫有限公司，将活性焦烟气净化技术推广应用，至今已建成 23 套活性焦烟气净化装置，主要应用于国内冶金焚烧炉、石油化工和钢厂的烧结装置等。

活性焦烟气净化技术具有不消耗水、工艺简单、无二次污染物、占地面积小，处理的烟气排放前不需要加热，产生可出售的硫副产品等优点。因为我国较多地区严重缺水和贫硫，活性焦干法烟气净化技术，不消耗水，在治理污染的同时充分回收利用硫资源（浓硫酸、硫酸、硫黄），有效地实现硫的资源化，适合我国国情，具有较好的应用市场和前景。

国内对烟气净化用活性焦产品的研发和生产自 20 世纪 90 年代开始，并不断升级改进。目前脱硫活性焦生产技术和产品已经非常成熟，得到普遍应用。部分先进企业已掌握高强度、高脱硫性能和脱硝性能的优质活性焦生产技术，其产品性能达到国际先进水平，在国内外得到广泛的应用。

全球对环境污染的高度重视，随着我国《大气污染物防治重点工业行业清洁生产技术推行方案》（工信部节 [2014] 273 号）和国家鼓励发展的重大环保技术装备目录（2014 年版）等指导性政策文件的出台，进一步推进了活性焦烟气净化技术的推广与应用，烟气净化专用活性焦需求量将越来越大。

目前，国内烟气净化用活性焦的生产总量可达约 $6×10^4 t/a$，其中出口国外约 $2×10^4 t/a$，我国需求量约 $4×10^4 t/a$。活性焦工业发展迅速，近几年平均年增长率 15%，出口量已居世界首位。

2.2 活性焦干法烟气净化的原理

2.2.1 活性焦脱除烟气中 SO_2 的原理

1. 活性焦脱除 SO_2 原理

活性焦脱除 SO_2 的过程主要包括物理吸附和表面化学反应。

当烟气中无水蒸气存在时，烟气中的 SO_2 主要发生物理吸附，吸附量较小，且不稳定。当烟气中含有足量水蒸气和氧气时，活性焦烟气脱硫是一个物理吸附和表面化学反应同时存在的过程，首先发生的是物理吸附，然后在有水和氧气存在的条件下将吸附到活性焦表面的 SO_2 催化、氧化为 H_2SO_4，并稳定储存于活性焦表面孔隙中，物理吸附和表面化学反应共同决定了活性焦对 SO_2 的总吸附量。物理吸附与活性焦表面孔隙结构等物理特性密切相关，表面化学反应与活性焦表面碱性官能团的化学性质有关。有关化学反应式为：

$$2SO_2 + O_2 + 2H_2O \longrightarrow 2H_2SO_4$$

2. 活性焦再生原理

活性焦吸附 SO_2 后，生成的 H_2SO_4 储存在活性焦表面的孔隙中，当吸附达一定量后，孔隙结构变得不发达，降低了其吸附能力。因此需要把存在于孔隙中的生成物取出，对活性焦再生，恢复其吸附能力。活性焦再生方法有加热法和洗涤法等。洗涤法原理是用水或碱液将活性焦表面的硫酸冲洗下来，目前在工业中已基本不再应用。加热法的原理为：在温度约 400℃ 时进行加热再生，此时活性焦孔隙中的硫酸与炭反应，生产 SO_2 并从孔隙中释放出去，从而实现活性焦脱硫能力的恢复，可以继续循环利用。有关化学反应式为：

$$2H_2SO_4 + C \longrightarrow 2SO_2 + CO_2 + 2H_2O$$

3. 副产物转化的途径

活性焦再生所产生的高浓度 SO_2 气体，其体积浓度可达 20%~40%，高于现有硫酸生产中采用硫黄、硫铁矿燃烧所产生的 SO_2 气体浓度，可以用来生产浓硫酸、稀硫酸(70%)、液态 SO_2、单质硫、亚硫酸铵、亚硫酸钠、食用糖精等，解决了脱硫抛弃法所存在的二次污染问题。上述产品的生产工艺在化工系统已经有多年的成功运行经验和成熟的技术，可以直接进行工业应用。

2.2.2 活性焦脱除烟气中氮氧化物的原理

活性焦脱除氮氧化物原理，是以活性焦为催化剂、NH_3 为还原剂的选择性催化还原反应(SCR)。在反应过程中，活性焦作为催化剂可以有效地吸附 NH_3，降低了 NO_x 与 NH_3 的反应活化能，从而降低反应温度，提高反应效率。NH_3 选择性地和 NO_x 反应生成 N_2 和 H_2O，而不是被 O_2 所氧化，因此反应又被称为"选择性"。

常规的 SCR 催化剂(如 V_2O_5/TiO_2)要在 300~400℃ 的中温区间才能保持较高反应活性，而活性焦在烟气温度约 140℃ 时即可催化反应进行，脱硝率可达 40%~70%。有关的化学反应式为：

$$4NO + 4NH_3 + O_2 \longrightarrow 4N_2 + 6H_2O$$

2.2.3 活性焦脱除烟气中汞的原理

重金属一般以多种化合物的形式吸附于活性焦的微孔中，特别是硫酸盐或氯化物。活性焦脱汞，主要应用了活性焦作为吸附剂和催化剂载体的特性。活性焦通过物理吸附，将烟气中单质汞及汞化合物吸附在焦表面微孔中。考虑到 Hg 易于挥发，通过在活性焦表面加载 Cl、Br 等元素，使烟气中的 Hg 与焦表面的 Cl 和 Br 反应生成稳定物质 HgCl 和 HgBr，将汞固定在活性焦表面的微孔中。高温解吸出的汞蒸气随再生气体一起进入制酸系统，经洗涤后脱除。有关的化学反应式为：

$$Hg + KCl \longrightarrow HgCl$$
$$Hg + KBr \longrightarrow HgBr$$

2.2.4 活性焦脱除烟气中其他污染物原理

活性焦脱除二噁英是通过利用活性焦的吸附能力将烟气中的二噁英吸附在微孔中，物料循环过程中磨损产生的碎焦粉可通过高温炉将二噁英分解达到彻底脱除，同时系统连续补充新鲜活性焦，可确保系统内吸附的污染物不会富集。

此外活性焦还可以通过吸附功能脱除烟气中的粉尘和As等其他重金属污染物，达到多污染物同时脱除的效果。

2.3 活性焦干法烟气净化的主要工艺

2.3.1 活性焦干法烟气净化工艺

目前国外的活性焦脱硫、脱硝工艺主要包括：德国的BF法、Lurgi法、日本的日立-东电法、Mitsui-BF法、住友TOX-FREE法、美国的GE(MET)-Mitsui-BF法和国内的煤科总院-上海克硫法。其中后4个拥有联合脱硫脱硝技术。

1. 德国BF法

最早研究活性焦脱硫工艺的是德国BF公司，该公司于1965年开始研究开发此工艺，并于1980年开发成功，工艺流程如图2-1所示。该工艺为移动床吸附、加热再生工艺，使用活性焦作为脱硫剂，脱硫率可以达到85%以上。

2. 德国Lurgi法

德国Lurgi公司于20世纪80年代开发了活性焦脱硫工艺，即Lurgi法，工艺流程如图2-2所示。此工艺采用固定床反应器、水洗再生法。该工艺存在洗净水在床内分散不均匀，用水量大，洗液H_2SO_4浓度低，浓缩时难度大，脱硫效率较低等不足。

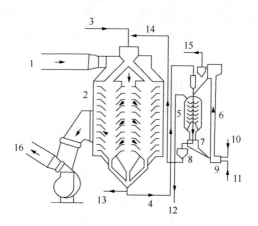

图 2-1 德国 BF 活性焦脱硫工艺

1—电厂的烟道气；2—吸附器；3—新鲜活性焦；4—吸附后活性焦；5—再生器；
6—热沙；7—振动筛；8—冷却器；9—燃烧室；10—空气；11—煤气；
12—富 SO_2 气体；13—飞灰和活性焦小颗粒；14—再生后活性焦；15，16—去烟囱

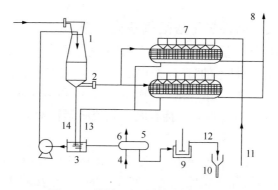

图 2-2 德国 Lurgi 活性焦脱硫工艺

1—文丘里除尘器；2—液体收集器；3—供液槽；4—燃料油；5—燃烧器；
6—尾气(去 H_2SO_4 生产单元)；7—吸附器；8—尾气；
9—冷却器；10—过滤器；11—水；12—(70%) H_2SO_4；
13—(10%~15%) H_2SO_4；14—(25%~30%) H_2SO_4

3. 日本日立-东电法

日立-东电法采用 5 个固定床，其中 4 个同时运行，1 个

进行再生。再生采用稀 H_2SO_4 +水洗涤，工艺流程如图 2-3 所示。该工艺脱硫效率达到 80%以上，可以得到浓度为 20%的 H_2SO_4 水洗液，经浓缩可以得到浓度为 65%的 H_2SO_4，主要用于磷肥生产。该工艺得到的洗液中 H_2SO_4 浓度较高，用水较少，连续性较好。但设备复杂，操作较为繁琐，由此带来的设备投资及维修难度均加大。

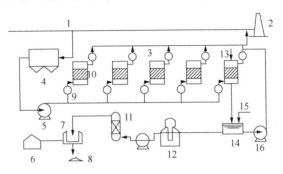

图 2-3 日本日立-东电活性焦脱硫工艺

1—预热空气的烟道气；2—烟囱；3—固定床吸附器；4—灰尘扑集器；5—鼓风机；6—H_2SO_4 蓄池；7—离心过滤器；8—沉降物；9—气门；10—活性焦；11—硫酸冷却器；12—增稠器；13—水洗再生；14—洗浴；15—补水；16—洗液泵

4. 日本 Mitsui-BF 法

1982 年，日本的三井矿产公司(Mitsui)购得德国 BF 公司的许可证，在日本进行了相关的研究开发，对 BF 工艺作了进一步的改进，称为 Mitsui-BF 法，工艺流程如图 2-4 所示。该工艺由充填了活性焦的脱硫塔和脱硝塔串联的两塔式脱硫、脱硝工序，以及活性焦再生工序和副产物回收工序组成。在 120~160℃的温度下，该工艺可以达到 90%的 SO_2 脱除率和 80%的 NO 脱除率。活性焦再生温度高于 400℃，再生后可得浓度为 20%~25%的富 SO_2 气体，可用来制备含硫化工产品。该技术对活性焦性能要求较为苛刻，在目前国内活性焦的生产水平下很难满足其工艺需求。

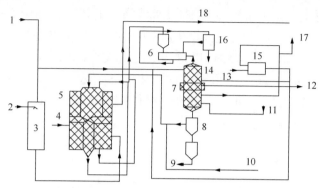

图 2-4 日本 Mitsui-BF 活性焦脱硫脱硝工艺

1—烟道气；2—水；3—气体冷却器；4—NH_3；5—吸附器；6—分离器；
7—脱附器；8—筛分；9—去燃烧室；10—新鲜活性焦；11—新鲜气体；
12—富 SO_2 气体；13—燃料油；14—浮尘；15—燃烧器；16—过滤器；
17—废气；18—去烟囱

5. 日本住友 TOX-FREE 法

日本住友法在工艺上比较复杂，从 20 世纪 80 年代开始工业化试验，工艺流程如图 2-5 所示。于 2002 年将该技术应用于 J-POWER 公司一台 600MW 机组，脱硫效率可达 95% 以上，脱硝效率为 20%~40% 左右，工艺存在如下问题：脱硫过程中加入 NH_3，增加了脱硫效率，但是对设备管道、阀门的稳定运行具有很大影响，同时可能堵塞活性焦的孔隙；主体设备复杂，投资成本较高。

6. GE(MET)-Mitsui-BF 法

1992 年，美国的马苏莱环境科技公司(MET)获得了 Mitsui-BF 技术在北美的推广、设计、制造和建造权，从此该工艺命名为 GE(MET)-Mitsui-BF 工艺，工艺流程如图 2-6 所示。该工艺脱硫效率可达 90% 以上，脱硝效率可达 70% 以上。

工艺的主要特点是：①吸附反应塔采用错流式移动床；②脱附系统采用热解式；③吸附剂采用三井矿业研究生产的 MMC 型活性焦。

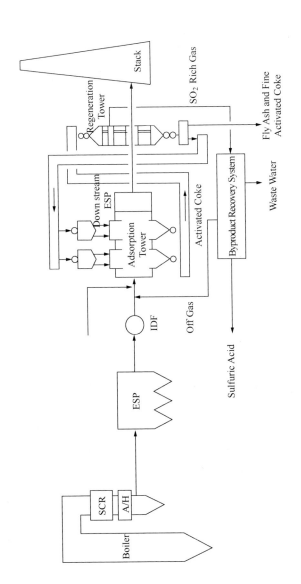

图2-5 日本住友活性焦脱硫脱硝工艺

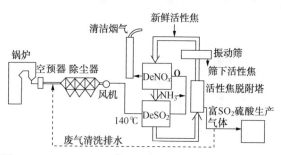

图 2-6　GE(MET)-Mitsui-BF 法活性焦脱硫、脱硝工艺

7. 煤科总院-上海克硫方法

2001年，在国家"十五"863计划支持下，煤炭科学研究总院与南京电力自动化设备总厂、贵州瓮福集团联合承担了《可资源化烟气脱硫技术2》（课题编号2001AA527020）项目研究，开发高性能、低成本的活性焦生产技术获得成功，并于2005年建成烟气处理量达 $2 \times 10^5 Nm^3/h$ 的活性焦脱硫工业示范装置。该示范装置采用移动床、加热再生方式，烟气温度100～180℃，烟气脱硫率达95%以上。工艺流程如图2-7所示。2006年，依托此课题成果各参加单位联合成立了上海克硫公司进行该技术的工业推广。

2010年，煤炭科学研究总院与上海环保克硫有限公司、湖南大学和贵州大学联合承担了"十五"863计划"工业锅炉活性焦干法脱硫、脱硝、脱汞技术与示范"研究，开发了活性焦干法烟气联合脱硫、脱硝、脱汞技术，并在烟气处理规模达到 $55 \times 10^4 Nm^3/h$ 以上燃煤工业锅炉上进行示范，实现烟气联合脱硫、脱硝、脱汞技术的工程化。

该工艺主要流程如图2-8所示，采用移动床吸附加热再生法，在一定的工艺条件下，脱硫效率可达95%以上，脱硝效率可达70%以上，硫回收率可达90%。

综上所述，从技术角度来看，国内外单纯的活性焦烟气脱硫技术已相当成熟，联合脱硫、脱硝技术在国外应用而且非常成功，我国联合脱除技术处于推广应用阶段。

第二章 烟气净化用活性焦

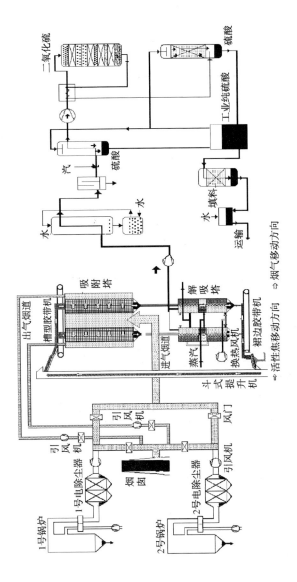

图2-7 国内第一套活性焦烟气脱硫示范工程工艺流程示意图

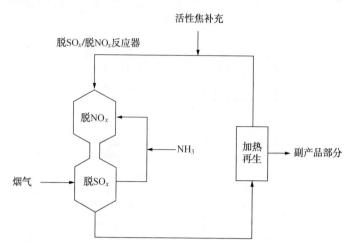

图 2-8 活性焦联合脱硫脱硝工艺流程示意图

2.3.2 活性焦干法烟气净化工业应用

世界上日本、德国、韩国等国家有工业装置运行应用(表2-1)。规模最大的工业装置是2002年日本矶子电厂所建的处理600MW机组燃煤锅炉烟气的净化装置,设计处理烟气量达到$200 \times 10^4 Nm^3/h$。

表 2-1 国外活性焦烟气净化技术应用简表

序号	用户	烟气类型	烟气量/(Nm^3/h)	脱硫效率/%	脱硝效率/%	副产品
1	日本出光兴产株式会社	重油裂解废气	236000	90	70	硫黄
2	德国阿茨博格电厂	燃煤烟气	451000	98	60	硫酸
3	德国阿茨博格电厂	燃煤烟气	659000	98	60	硫酸
4	德国 Hoec hst 公司	燃煤烟气	323000	92	78	硫酸
5	久保田铁工厂	焚烧炉烟气	32000	100	60	—
6	日本电源发展公司	燃煤烟气	1163000	98	80	—
7	日本矶子电厂	燃煤烟气	1806000	95	20~40	硫酸

第二章 烟气净化用活性焦

我国于2006年起,煤科总院等单位成立了上海克硫环保技术有限公司实现了活性焦干法脱硫技术的产业化和工程推广。目前已在全国范围内建设了23套活性焦烟气净化工业装置,已建成装置的最大烟气处理能力达到 $196\times10^4 Nm^3/h$(表2-2)。

表2-2 活性焦干法脱硫工程应用情况简表

序号	用户	烟气类型	烟气量/(Nm^3/h)	用途	投运时间/年
1	贵州宏福公司	燃煤烟气	200000	脱硫	2005
2	江西铜业集团有限公司	环境集烟气	450000	脱硫	2008
3	紫金铜业有限公司(福建)	环境集烟气	600000	脱硫	2011
4	甘肃金昌有色金属公司	冶炼尾气	200000	脱硫	2011
5	巴彦淖尔紫金	锅炉烟气	550000	脱硫脱硝脱汞	2013
6	武汉晨鸣	锅炉烟气	310000	脱硫脱硝	2014
7	联峰钢铁	烧结烟气	1100000	脱硫脱硝	2015
8	日照钢铁	烧结烟气	1960000	脱硫脱硝	在建

2.4 活性焦的制备技术

2.4.1 活性焦制备技术

活性焦制备工艺过程与柱状活性炭生产工艺流程相似,区别在于工艺条件、原料、配方和主要设备等。活性焦生产工艺包括原料煤制粉、成型、造粒、炭化和活化过程。将原料煤破碎磨粉到一定粒度。加入特定数量的黏结剂和水,对混合物进行充分搅拌,通过模具挤压成炭条。炭条经风干后炭化,炭化好的炭化料经筛分形成合格的炭化料,加入活化炉进行活化。

活化好的活化料经过筛分、包装即为活性焦成品。流程见图2-9。

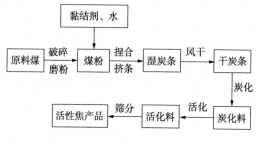

图 2-9　活性焦生产工艺流程图

1. 制粉成型

将原料煤破碎磨粉到一定粒度（达到95%通过200目）。加入特定数量的黏结剂和水（黏结剂常采用高温煤焦油，用催化活化法时则同时添加一定数量的催化剂），对混合物进行充分搅拌，待加入的黏结剂和水与煤粉充分地浸润、渗透和分散均匀后，通过成型机在一定压力下用一定直径的挤条模具挤压成炭条。挤条过程是将捏合好的煤膏送入成型机，使物料在高压下通过一定规格的模具，煤膏在高压下发生复杂的弹性与塑性变形，最终成条状被挤出。

刚成型好的炭条由于温度较高，并含有一定的水分，质地柔软、强度较差，所以必须通过一定时间的自然风干使存在于物料内部的水分扩散到物料表面并被蒸发除去，同时物料被冷却至常温。

活性焦成型过程对其成品强度具有较大的影响。

制粉成型工艺中主要的质量控制包括：煤粉粒度和煤焦油。煤粉要求95%以上通过200目，煤焦油作为非常合适和常用的黏结剂其质量要求较为严格。对煤焦油黏结剂的质量要求如表2-3所示。

表 2-3 煤焦油质量要求

项 目	合格煤焦油	拟用煤焦油
黏度(E_{80})	≤5.0	2.24
相对密度(d_4^{20})	1.13~1.22	1.18
沥青含量/%	55~65	60
酚含量/%	≤5.0	
萘含量/%	≤7.0	
甲苯不溶物/%	3.5~7.0	2~4
灰分/%	≤0.13	0.085
水分/%	≤4.0	2.4

国内活性焦生产厂家使用的成型设备主要是四柱液压机和造粒机。国外使用的成型设备主要为造粒机等。

2. 炭化

炭化就是物料在低温条件下的干馏过程。活性焦最佳的炭化终温是600℃，温度过低炭化产物无法形成足够的机械强度，温度过高则会促使炭化产物中的石墨微晶结构有序化，减少微晶之间的空隙，影响活化造孔过程。

3. 活化

气体活化法也称物理活化法，采用水蒸汽、烟道气(主要成分为CO_2)、空气等含氧气体或混合气体作为活化剂，在高温下与炭化料接触进行活化或两种活化剂交替进行活化，从而生产出比表面积巨大、孔隙发达的活性炭产品。

活性焦相对于活性炭，活化时间较短，属于浅度活化。该方法制备的活性焦，活化处理得率高，堆积比重大，强度好，脱硫效果较佳，有较好的抗氧化性能。

2.4.2 烟气净化活性焦性能指标

活性焦除了具有一般活性炭的吸附性能外，还必须满足烟气脱硫、脱硝的特殊性能。特殊性能包括：脱硫性能(硫容)、脱硝性能、强度、粒度、抗氧化性能。

1. 脱硫性能

活性焦脱硫性能决定了活性焦对烟气中二氧化硫净化效果。脱硫性能包括硫容和循环脱硫效率，硫容是考察活性焦在静态条件下 SO_2 的吸附量，循环脱硫效率是考察活性焦在循环使用时，其脱硫效率和循环衰减性能。

活性焦的硫容和循环脱硫效率除与其本身的物化性能有关外，还与烟气中 SO_2 的浓度和烟气组成有关系，高浓度 SO_2 脱除与低浓度 SO_2 脱除选用的活性焦的差异较大，应根据实际应用中脱硫工艺条件确定活性焦的指标性能。

2. 脱硝性能

随着国家对烟气中 NO_x 的治理要求，活性焦脱除烟气中 NO_x 的性能要求也越来越高。国内外通过对活性焦脱硝性能评价制备考察活性焦的选择，同脱硫性能相似，活性焦的脱硝效率除与其本身的性能有关外，还与烟气中 NO_x 的浓度和烟气组成有关系，应根据实际应用中脱硫工艺条件确定活性焦的指标性能。

3. 强度

由于燃煤电厂及工业锅炉和窑炉烟气量比较大，因此用于脱硫的活性焦吸附、脱附装置也比较大，装置容积从几百立方米到几千立方米，装置高达数十米，而且反应装置为移动式，活性焦在装置内缓慢移动，如果其强度比较差，则很容易在装置内破碎，降低反应器床层的透气性，提高床层阻力，使气体无法通过床层，同时提高脱硫过程的成本。因此，烟气脱硫活性焦应有较高的强度，否则就无法使用。

4. 粒度

和常规活性炭相比，烟气脱硫用活性焦粒度都比较大，颗粒直径一般在 3~15 mm，主要是因为烟气中常会含有一定数量的粉尘，当烟气通过活性焦床层时，部分粉尘会滞留在床层内，如果床层孔隙率太小，则随着烟气中粉尘的沉积，床层阻

第二章 烟气净化用活性焦

力则迅速增加,甚至烟气无法通过,因此烟气脱硫用活性焦的粒度比较大。如果烟气中粉尘浓度比较低,则可以考虑适当降低活性焦的粒度。

5. 抗氧化性能

一般活性焦脱硫过程是在 100~180℃范围内进行,烟气中含有 4%~8%的氧和 8%~15%的水,氧和水及 SO_2 在活性焦表面的吸附将大量放热,使活性焦床层温度升高,如果活性焦抗氧化性能差,则容易使其粉化并着火,造成恶性事故。吸附 SO_2 的活性焦在 300~500℃范围内加热再生,虽然再生过程是在隔绝空气的条件下进行的,再生气中氧含量较低,但如果活性焦抗氧化性能比较差,则使其在再生过程与氧反应,会增加活性焦的损耗,使脱硫成本增加。用活性焦进行高浓度 SO_2 脱除时,则对其抗氧化性能的要求更高。目前我国生产的是用于低浓度 SO_2 脱除的活性焦产品,大部分产品出口到国外用于低浓度 SO_2 脱除,能够满足国外日益严格的环保要求。活性焦虽然对低浓度 SO_2 脱除性能较好,但抗氧化性能较差,用于高浓度 SO_2 烟气的脱除时应慎重,否则不仅影响脱硫效率,增加脱硫运行成本,还可能酿成严重事故。

烟气净化用活性焦性能指标如表 2-4 所示:

表 2-4 烟气净化用活性焦性能指标

碘值/(mg/g)	耐磨强度/%	耐压强度/N	着火点/℃	硫容/(mg/g)	粒度/mm
400~500	99.0	约 350	>400	40~180	3~15

2.5 活性焦的生产现状

关于脱硫活性焦的研发制备,德国 BF 公司早在 20 世纪 50 年代就具备该活性焦的工业化生产条件。日本的三井矿山株式会社、住友重型机械工业株式会社、卡尔岗三菱化学株式会社、二村化学化工株式会社，美国的卡尔岗（Calgon）公司，荷兰的诺瑞特（Norit）公司都对该活性焦的制备做了大量的研究工作。

国内，煤炭科学研究总院、中国科学院山西煤炭化学研究所、中国电力科学研究院、山西新华化工有限责任公司等多家科研单位都已掌握该活性焦的制备方法及相关专利。

20世纪90年代初，我国宁夏银川活性炭厂与日本可乐丽公司以宁夏太西无烟煤为原料联合开发出脱硫用9mm圆柱状活性焦，每年向日本出口数千吨；山西部分活性炭厂家采用日本三井重工或我国煤科总院的技术以山西本地烟煤为原料生产出脱硫活性焦，也销往日本；河南也有部分活性炭厂家以当地褐煤为原料研制出脱硫活性焦。

脱硫活性焦生产技术在我国已基本成熟，多种煤种均可用于生产脱硫活性焦。

2001年年底，煤炭科学研究总院研制出高性能、低生产成本的活性焦产品。该产品用于贵州的我国第一套活性焦脱硫工业示范装置，运行效果良好。

为提高活性焦的脱硝能力，煤炭科学研究总院在现有技术的基础上，研制出了脱硫、脱硝专用活性焦产品，提高了综合使用性能，在保证脱硫性能不降低的条件下，提高了脱硝性能和耐压强度、耐磨强度，可满足日益严格的环保要求，该技术目前处于大规模推广应用阶段。

国内主要煤基活性焦生产企业见表2-5。从表2-5中可以看出，活性焦的生产企业数量和总产量都远远少于一般活性炭产品的生产企业数量和产量，主要的制约因素是活性焦的生产原料和生产工艺技术与一般活性炭不同，其对原料的要求，尤其是其表面性质和孔隙结构的要求更加严格；同时，尽管活性焦的生产工艺与煤基活性炭生产工艺类似，但工艺条件及生产设备仍有较大的差别，一般活性炭生产企业难以生产出性能优良的活性焦产品。

表 2-5　国内主要活性焦生产企业

序号	企业名称	所在地区	生产能力/(10^4t/a)
1	新华化工环保有限责任公司	山西	1.0~1.2
2	玄中化工实业公司	山西	0.8~1.0
3	光华活性炭有限责任公司	山西	0.5
4	绿源恒活性炭有限责任公司	宁夏	0.5
5	阿拉善盟科兴炭业有限责任公司	内蒙古	1.6
6	神华宁煤集团活性炭公司	宁夏	1.0
7	山西大同煤矿集团有限责任公司煤气厂	山西	4.0(在建)
8	中国北车集团大同电力机车有限责任公司	山西	0.8(在建)
合计			5.4~5.8 10.2~11.6(在建)

我国活性焦生产原料煤主要分布在山西、内蒙和宁夏，因此在山西和宁夏形成了我国两个最大的煤基活性炭生产基地。这两个基地的煤基活性炭产量占全国活性炭产量的90%左右。山西大同煤矿集团有限责任公司是国内最大的活性焦生产企业，设计规模达4×10^4t/a，目前处于试生产阶段。内蒙古阿拉善科兴炭业有限责任公司应用煤炭科学研究总院技术，实现了高品质脱硫、脱硝活性焦产业化生产，形成年产1.6×10^4的生产规模，产品脱硫效率为98%，脱硝效率为72%，耐磨强度为99%，属于优质品，产品长期出口日本和韩国。

目前，国内每年实际生产烟气脱硫专用活性焦约4.0×10^4t，国内消耗活性焦2×10^4t以上，而2015年国内干法烟气脱硫专用活性焦的用量将达到$(8\sim11)\times10^4$t。近几年发展活性焦的生产对于具有资源优势和技术优势的企业，是非常好的机遇。

2.6 活性焦的应用现状

2.6.1 国外烟气净化活性焦应用现状

近几年,韩国和日本是中国活性焦产品的主要出口国,表2-6中列出了2011年韩国、日本和澳洲地区活性焦主要用户及需求量。从表2-6中看出,仅日本、韩国和澳洲地区,活性焦年需求量就在$3×10^4$t以上。

表2-6　2011年国外活性焦终端用户需求情况

	公司	规格/mm	月补充量/t	年需求量/t
1	现代制铁	5	500	6000
2	浦项制铁	9	500	6000
3	神户钢铁	8	180	2160
4	新日铁	8~9	600	7200
5	电源开发	5~9	500	6000
6	澳洲BSL	9	300	3600
	合计			30960

据世界最大的活性炭生产和销售商——卡尔冈炭素公司市场部门统计,2010年美国国内活性焦总需求量约为$10×10^4$t,且需求量还在逐年增加。2011年,美国推行了更为严格的电厂污染物排放标准,预计2015年前,美国将迎来电厂燃煤锅炉烟气脱汞工程大规模建设期。据卡尔冈炭素公司市场部门预测,到2015年,美国烟气脱硫、脱硝、脱汞用活性焦市场需求量将达到$35×10^4$t左右。目前,卡尔冈已投入大量人力物力,研发高效脱汞用活性焦产品和应用技术。

欧洲地区的活性焦实际需求量较小。因此,未来五年,在维持现有主要出口国和地区的同时,更需密切关注美国活性焦市场。

2005年3月,美国环保总署(EPA)制订了有关永久减少燃煤电厂汞排放的联邦法规,即清洁空气汞治理条例(CAMR)。这一条例要求发电厂这一最大的人为汞污染源降低其汞的排放量。条例强制规定了两个阶段,到2010年汞排放上限为38t,到2018年汞排放上限为15t。此法规的出台将进一步促进活性炭市场的繁荣,据预测,美国用于减少汞排放所需的活性炭将达到$42×10^4$t。

2.6.2 国内烟气净化活性焦应用现状

随着国家对环境污染治理力度的加大,我国将对火电厂排放烟气全部进行脱硫处理,国家经贸委已印发了《火电厂烟气脱硫关键技术与设备国产化规划要点》。我国是世界上严重缺水的国家之一,在很多地区缺水现象相当严重,因此难以采用需大量用水的湿法脱硫技术,目前国内有关单位正在积极开发活性焦干法烟气脱硫技术,到2020年,如果有5%的电厂采用活性炭干法烟气脱硫技术,则我国烟气脱硫用活性焦年需求量将达到$(12\sim15)×10^4$t左右。综上所述,随着环境保护力度的逐渐加大,活性焦干法烟气脱硫净化技术的推广应用,活性焦需求量将越来越大,预计今后我国活性焦需求将高速增长。

第三章 饮用水深度净化用活性炭

3.1 概述

饮用水深度净化用活性炭,是在人类与水源污染及由此引起的疾病的长期斗争中产生的,并随着水源污染及由此引起的疾病变化而不断发展和完善。

20世纪20年代,活性炭已经开始被用于饮用水的处理,当时主要功能是去除饮用水中残留的消毒剂氯。20世纪50年代以后,随着工业和城市的迅速发展,饮用水水源受到日趋广泛和严重的污染。在美国的有机污染调查研究(NORs)、全国有机物监测调查(NOMs)及其他调查研究中,从各种自来水中检测出的有机化合物多达700余种,其中有些是致癌或被怀疑致癌的物质。根据英国、美国及荷兰的一些流行病学家的调查研究,证明长期饮用含多种微量有机物(尤其是致癌、致畸和致突变污染物)水的居民群体,其消化道的癌症死亡率明显高于饮用洁净水的居民群。因此,从饮用水中去除这些微量污染物已成为第二阶段净水的首要任务。美国、西欧、日本等国家或地区广泛开展饮用水除污染新技术的试验研究,对活性炭吸附、臭氧、二氧化氯、高锰酸钾和过氧化氢等氧化除污染方法及由其组成的净化系统进行了大量的试验研究,并形成了以臭氧氧化和生物活性炭为代表的深度净化工艺。活性炭开始被用于除去水中残留的异臭、异味和使用氯气消毒后产生的新的异臭、异味物质,并在欧美发达国家开始大量使用。目前在美国、日本等国家,饮用水深度净化活性炭吸附设施非常完善和普遍。这些发达国家用于饮用水深度净化水处理的活性炭约占活性炭总用量的 40~50%，美国每年用于水处理的活性炭占美国活性炭生产总量的 45% 以上。

在我国，据水利部公布的数据，2008 年中国有超过 3 亿人每天饮用受污染的水，其中约 1.9 亿人因此患病。根据我国 7 大水系和内陆河流的 110 个重要河段统计，符合"地面水环境质量标准"Ⅰ类、Ⅱ类的占 32%，Ⅲ类的占 29%，属于劣Ⅳ类、Ⅴ类的占 39%。因此，当前和今后相当长一段时间内我国城市供水所面临的突出问题将是水质问题。

在国内，北京的上水已全部经过活性炭净化，其中规模最大的为水源九厂。其他城市如上海、杭州、无锡等城市家庭活性炭净水器应用已十分普遍。2007 年，建设部将饮用水水质检测的常规指标由 35 项提升到 106 项。此后，中国饮用水活性炭的年使用量迅速提高。2008 年，中国国内用于饮用水深度净化的活性炭约 4×10^4 t，预计 2016 年的使用量将突破 $(20 \sim 25) \times 10^4$ t。预计不远的将来，活性炭在我国饮用水深度净化处理领域将获得跳跃式发展。

用于饮用水深度净化的活性炭包括粉状活性炭和颗粒活性炭。粉状活性炭一般采用直接投入原水的方式，用于除去季节性产生的霉味、土臭素等异臭、异味，以及去除表面活性剂、农药等，还可以在发生化学物质污染水源事故时作为应急处理措施。目前使用粉状活性炭进行饮用水处理多为间歇性操作，根据水源的不同要注意控制加料比例、混合接触时间以及投料点的选择。使用颗粒活性炭进行饮用水处理，一般采用固定床或者脉动床(Pulse-bed)进行连续操作，使用的颗粒活性炭可以定期再生，从而降低水厂的运营成本。颗粒活性炭和粉状活性炭的作用相同，但是颗粒活性炭不容易流失，可再生后重复使用，适用于污染较轻同时需要连续运行的水处理工艺；而粉状活性炭目前不易回收再生，一般为一次性使用，用于间歇性、污染较重的水处理，最后该活性炭连同污泥等危废品运至焚烧厂进行高温处理。

粉状活性炭在处理水源中突发臭味上有很好的应用。2005年9~11月期间，由于密云水库臭味含量增高，北京自来水集团第九水厂采用向输水管道中投加粉状活性炭的技术，有效地去除了异味。近几年国内发生的吉林石化硝基苯和苯污染松花江水、山西天脊苯胺泄露污染下游水源及兰州自来水苯超标等水污染事件中，均在使用了活性炭吸附方法来净化污染水体后，检测指标均达到水质要求。

北京自来水集团所属的以地表水为水源的自来水厂的滤池中设有1.5m厚的煤质颗粒活性炭。如北京第九水厂车间巨型滤池，经过前期处理的水进入炭滤池经活性炭对所含的有机物进行吸附，使其深度净化。这样的炭池在九厂共有72个，每个炭池需用约65t活性炭，一共需要4680t活性炭，正是这些活性炭滤池保证了$170×10^4 m^3$的饮用水安全。活性炭滤池为给水处理中的深度处理工艺，可以有效去除水中色度、异臭异味和溶解的有机污染物，提高供水水质。刚填入的活性炭池的新炭主要以物理和化学吸附为主，在使用一定时间后炭表面形成生物膜，则以生物降解作用为主。

3.2　活性炭用于饮用水深度净化的原理

活性炭具有巨大的比表面积、发达的孔隙结构和稳定的化学性质，可以耐强酸、强碱，能经受高温高压作用。一般来说，良好的活性炭比表面积在$1000m^2/g$以上，细孔总容积可达到0.18~0.6mL/g，孔径$1~10^4 nm$，细孔分为大孔、中孔和微孔。大孔半径50~10000nm，容积一般为0.2~0.5mL/g，表面积为$0.5~2.0m^2/g$，对液相物理吸附作用不大，但作为触媒载体，作用十分显著，主要作为吸附质扩散通道，在吸附脱除水中污染物的同时，也成为水中微生物的理想栖息场所。中孔半径为2~50nm，容积一般为0.02~0.10mL/g，表面积占活性炭总面积的5%，中孔主要起吸附和通道的作用，吸附质的扩散速度受到中孔的影响。微孔半径小于 2nm，容积每克一般为 0.15~0.9mL，表面积却占活性炭总面积的 95% 以上，是活性炭吸附微污染物的主要作用位置。因此，将活性炭用于水处理，可以同时发挥活性炭吸附和微生物降解的双重作用。活性炭在水环境中经过一段时间后，活性炭成为生物活性炭，其上的吸附质能够为微生物提供稳定的生息环境，而微生物的存在也为活性炭提供了生物再生功能，总的效果时间带有穿透现象的不稳定吸附过程转换为准稳态过程。

在粒状活性炭过滤器中利用生物法去除溶解有机物可以使处理后的水质具有许多优点，例如，生物活性可以去除大量的溶解有机碳(DOC)。利用吸附和生物活性去除溶解有机碳的理论表述如图 3-1 所示。首先，大部分的去除过程发生在物理吸附阶段（阶段 A），而此时细菌正处于适应环境阶段，此阶段可去除 40%~90% 的溶解有机碳，而其他 10%~20% 的溶解有机碳不被粒状活性炭所吸附；在阶段 B，吸附和生物降解工艺同时进行，此时细菌已适应了环境，由于吸附点的饱和，吸附能力逐渐下降；阶段 C 被称为稳定状态阶段，生物氧化在去除溶解有机碳过程中起主要作用，而大部分吸附能力在此阶段已耗竭，在稳定状态下，溶解有机碳的去除率在 15%~40% 之间。如果在稳定状态下去除效果能满足处理要求，粒状活性炭的寿命会大大延长。

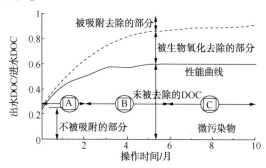

图 3-1　吸附和降解去除溶解有机物的图示

构成地表水溶解有机碳的天然化合物是氯消毒副产物(DBP)的前质,如三卤乙烷(THMs)和卤乙酸(HAAs)。水中的三卤乙烷和卤乙酸对健康有害,在很多国家受到限制。三卤乙烷和卤乙酸前质的去除与溶解有机碳的去除相互关联。在稳态条件下,三卤乙烷和卤乙酸前质的去除效率约在20%~70%。而工艺的最初阶段(阶段A)的去除效率要高得多,75%~90%被物理吸附去除。

粒状活性炭过滤池的生物氧化对去除无机物同样有效,如氨。氨是一种有毒的化学物质,能促进生物生长并与氯发生反应。溶解有机碳和氨的去除可大大减少处理后水对氯的使用量。氯用量的降低,减少了消毒副产物的产生,同时也提高了水质。

预臭氧化给水处理工艺带来很多好处。例如,良好的杀菌效果并且不形成三卤乙烷或卤乙酸,微絮凝,脱色,去除铁和锰,降低产生气味和味道的物质和增强生物活性等。然而臭氧杀菌副产物一般都很容易被生物降解,同时会导致供水系统中生物的生长。去除生物活性炭过滤器中的可降解化合物有助于控制生物再生长,进一步提高残氯的稳定性。在稳态条件下,可生物同化有机碳(AOC)和可生物降解性有机碳(BDOC)的去除率在50%~100%之间。另外,此工艺可完全去除损害健康的臭氧杀菌副产物,其中包括某些短链醛。这可能成为未来制定规范的目标。

具有生物活性的粒状活性炭对去除合成有机化学品,如苯、甲苯和有害健康的杀虫剂如阿特秀津非常有效。该工艺也可以降低产生臭味和其他味道化合物的浓度,如短链醛(果味)、胺和脂肪醛(腥臭味)、苯酚和氯代苯酚(防腐剂和药品)。

最后,生物活性通过去除与不可生物降解或缓慢生物降解化合物争夺吸附点的物质增强粒状活性炭的吸附能力,有时被称为生物—再生效应。

3.3 活性炭用于饮用水深度净化的主要工艺

活性炭用于饮用水深度净化的工艺主要有以下三种。

1. 臭氧-活性炭联用技术

臭氧-活性炭联用技术是将臭氧的化学氧化作用、杀菌消毒作用与活性炭的物理化学吸附作用、生物氧化降解作用紧密结合,相互促进,对水的净化效果非常有效。进水先经臭氧氧化,改变有机物生色基团的结构,使水中大分子有机物分解为小分子状态,形成活性炭易于吸附的中间产物。这就提高了有机物进入活性炭微孔内部的可能性,充分发挥了活性炭的吸附作用,延长了活性炭的使用周期。臭氧化既能使水中有机物的可生物降解性增加,还能提高水中的 DOC 浓度,是提高生物活性炭净化效果的有效手段。活性炭及其表面的微生物由于掩蔽作用、吸附力和化学键力等综合作用,有效地吸附臭氧氧化过程中产生的大量中间产物,解决了包括臭氧无法去除的三卤甲烷及其前驱物质,并保证了最后出水的生物稳定度。保证了生物活性炭稳定,具有稳定和高效的脱除效果。臭氧活性炭联用技术自 1961 年开始使用以来,在美国、日本等世界发达国家得到了广泛应用,并趋于成熟。我国自 20 世纪 80 年代开始研究,目前在深圳、大庆、昆明等地区已有水厂运行,研究和应用正处于迅速发展阶段。

2. 活性炭-膜联用技术

膜分离是一门新型的高分离、浓缩、提纯及净化技术,主要利用天然或人工合成膜,以外界能量或化学位差作为推动力,对混合物进行分离、提纯和富集。在膜分离过程中,物质不发生相的变化,分离系数较大,操作温度在室温左右。常见的膜分离技术包括微滤、超滤、纳滤、反渗透、电渗析等。

活性炭与膜联用,能够有效解决单独使用膜过滤而引起的膜阻塞和膜污染问题。利用活性炭对进水进行必要的前处理,可以有效地去除水中的 COD_{Mn}、溶解性腐殖酸、富里酸(UV_{254})和大肠杆菌,尤其是对 UV_{254} 以及相应的消毒副产物有较高的和稳定的去除效果。经过活性炭的前处理,水中的有机物、无机物、微生物等在膜表面和膜内孔积累大大减少,可极大延长膜的使用寿命。同时,膜的存在又可以克服单独使用活性炭的弱点,解决活性炭出水中细菌数偏高的问题。作为一种新兴的工艺,活性炭与纳滤膜(NF)、超滤膜(UF)联用,具有分离效率高,出水水质稳定,同时流程短,操作管理简单,占地面积少的优点,是极有发展前途的饮用水深度净化处理技术。

3. 活性炭-TiO_2 联用技术

目前,TiO_2 光催化剂在脱臭、防污及超亲水性处理等实用方面的研究十分活跃。活性炭-TiO_2 联用技术(即将 TiO_2 纳米粉末附着于颗粒活性炭(GAC)载体上)将 TiO_2 的光催化活性与活性炭的吸附性能结合于一体,一方面增强了活性炭的净化能力,使活性炭能将所吸附的有机物完全降解,不会产生二次污染,又能使活性炭在普通太阳光照射下既能恢复活性,又极大延长了使用寿命。另一方面,活性炭载体的吸附能力又为光催化反应提高了浓度环境,加速污染物向 TiO_2 颗粒表面的迁移速率以及降解产物从其表面脱离的速率,而且将反应的中间副产物吸附促使污染物完全净化,显著增强了 TiO_2 光降解能力。采用新技术制得的活性炭-TiO_2 光催化剂复合材料具有良好的催化活性与吸附作用,所起到的协同作用要优于 TiO_2 与活性炭的物理混合形式。

目前,日本、美国、加拿大等国家已尝试把纳米 TiO_2 催化氧化技术用于水处理中,但大都处于实验室研究阶段。正如许多实用性纳米技术研究一样,目前许多研究者只谈到基于纳米催化材料的水处理技术具有"实用化的前景"而不能立即满足"实用化的要求"。到目前为止,该项技术的工程化、产业化实例尚未见报道,这预示着此项技术的应用研究还在路上。

3.4 饮用水深度净化用活性炭的制备技术

国内外大批量生产的水处理用煤质颗粒活性炭主要可以分为原煤破碎活性炭、柱状活性炭、柱状破碎活性炭和压块破碎活性炭,这几种活性炭在我国饮用水深度净化中均有应用,其主要指标如表3-1所示,上述不同种类活性炭的生产工艺流程一般都包括备煤、成型、炭化、活化、成品处理5个过程(原煤破碎活性炭不含成型过程)。

表3-1 我国水净化用颗粒活性炭主要指标

种类	亚甲蓝值/(mg/g)	碘值/(mg/g)	堆密度/(g/L)	pH值	强度/%	水分/%	灰分/%
柱状活性炭	100~280	850~1150	400~550	4.5~11	95~99	<5	6~12
柱状破碎活性炭	100~280	600~1050	400~600	4.5~11	90~98	<5	6~12
原煤破碎活性炭	100~210	600~1080	400~500	7~9	85~95	<5	8~16
压块破碎活性炭	180~300	900~1100	450~500	7~10	85~95	<5	6~16

目前,压块破碎活性炭已经逐渐成为水处理用活性炭市场,尤其是中国水处理用活性炭市场的主流产品,因此对该种煤质颗粒活性炭进行详细介绍。

压块破碎活性炭的生产工艺采用的是对磨粉后的原料进行干法造粒,因此对原料煤有严格要求,须具有一定黏结性,且活性要好,既可以应用于配煤活性炭生产,也可以方便地采用催化活化方法生产优质或特殊性能煤基活性炭。生产的压块活性炭产品中孔较为发达,特别适合于液相处理领域。与原煤直接破碎活性炭相比,由于采用高压成型工艺,产品强度高,堆比重适宜;与煤基柱状活性炭相比,由于基本不加黏结剂,生产成本低,环保压力小;但目前高性能的高压辊压设备需要进口。

压块成型工序就是将原料煤粉加入压块成型机的成型模具内,在高压条件下通过煤中的黏结性组分的黏结力、煤分子之间的吸引力及煤种的黏结性组分在高压条件下发生的热缩聚,将物料压成具有一定强度的块状或片状颗粒。由于压块成型机压出的块状或片状颗粒粒度较大,因此还需要通过破碎筛分(大块返回破碎,筛下物返回压块机)制成符合粒度工艺要求的不定形颗粒。该工序中,按照是否添加黏结剂,压块活性炭生产工艺分为使用黏结剂和不使用黏结剂两种。用于压块活性炭生产的黏结剂主要是高温煤沥青,压块过程通常可在低压下进行;当不使用黏结剂时,压块工艺能否成功则取决于物料颗粒的可压制性或塑性重构性能,若颗粒能被紧密地重构到一起则压块即可成功。当采用高温煤沥青作为黏结剂时,对成型料、炭化料及活化料在强度、装填密度、碘值、亚甲蓝值等指标有不同程度的影响。

当黏结性煤为主要原料煤或原料煤中有大量黏结性煤的存在时,压块活性炭的炭化工序会有所不同,目前主要通过两种方法对该炭化过程在一定程度上进行控制。一是对黏结性煤在炭化前进行预氧化,煤的预氧化可以降低煤受热时的流动性,提高了炭化物的微孔容积,并减少了炭化物中各向异性组分含量,利于制备优质活性炭。流动性丧失的原因可能是氧结合到煤分子上形成极性分子并在芳香结构中形成交联键,使煤分子尺寸增大,阻碍了煤分子在分子内及分子间的移动,最终除去成型料表面的黏结性并赋予强度。预氧化对不同变质程度煤的影响程度是不同的,高变质程度黏结性煤氧化效果不明显。适量的预氧化可降低煤的膨胀性,提高炭化料的机械强度、密度、反应性;过量则使强度密度下降,预氧化处理对压块活性炭最终性能的影响很大。二是控制炭化温度以达到目的,在350~450℃的软化熔融带,尽可能缓慢加热,使黏结成分从低温徐徐加热分解,在不表现出明显塑性阶段的情况下直接使其固化形成炭骨架,成为难石墨化炭。

根据市场的不同需要,成品后处理包括调整活性炭产品的粒度分布范围、灰分、pH 值等,或通过浸渍或加载化学药品改善其化学物理性能,或以颗粒产品筛分所得筛下物的回收等工艺过程。

活性炭吸附容量大、吸附速度快、机械强度好是饮用水深度净化的必须要求,压块破碎活性炭的制备技术满足了上述要求成为其突出特点,而且与原煤破碎活性炭和柱状活性炭相比,由于采用高压成型工艺,压块活性炭产品强度高,堆比重适宜,克服了原煤破碎活性炭在水处理中堆积重轻、漂浮率高、强度低等缺点;基本不加黏结剂,生产成本低,环保压力小,具有均匀的粗糙表面,其发达的中孔和合适的大孔结构都更易于细菌的附着和生长,非常适合于生物活性炭工艺,这也是饮用水深度净化的主流工艺之一。

3.5 饮用水深度净化用活性炭的生产现状

我国煤基活性炭生产原料煤主要分布在山西和宁夏,其煤基活性炭产量占全国活性炭产量的 90% 左右,其中除了脱硫脱硝活性焦以外绝大多数的活性炭都是用于水的净化处理。

在山西,活性炭生产主要集中在大同和太原周边地区。大同有着较为丰富的侏罗纪烟煤,其反应活性好,孔隙易于发育成熟,是生产活性炭的优质原料。目前大同地区的活性炭企业大约有 50 多家,由于原料煤种的特性,其中大多数都是水处理用活性炭。经过一系列的整合后,目前在大同地区已经建成了 1 家年产 10×10^4 t 的企业,即同煤集团所属的金鼎活性炭有限责任公司;还有正在建设中的大同电力机车厂年产 4×10^4 t 活性炭企业。其中金鼎活性炭有限责任公司的 10×10^4 t 活性炭产能中有 5×10^4 t 是水处理用活性炭产品,同车公司的年产 4×10^4 t 活性炭产能中有 2×10^4 t 是水处理用活性炭。同煤和同车的活性炭以提高产能和提升活性炭产品品质为目的,都采用了较为先进的工艺和设备。其中包括几个方面，采用了整体是压块破碎装置，炭化采用了新型外热式炭化炉，金鼎活性炭有 2×10^4 t 饮用水炭的生产是采用了先进的多膛炉进行活化生产，炭化及活化尾气都增加了尾气焚烧和余热利用系统，其中绝大多数是国产设备或者已经国产化了的设备。在太原地区主要有兵器工业集团下属的山西新华活性炭有限责任公司，主要产品也包括饮用水处理活性炭；其他还有一些中小活性炭公司。太原周边的活性炭原料煤主要来自附近的府谷等地，通过配煤压块制备而成，其中压块机破碎机都是国产设备，目前炭化、活化尾气尚未进行更先进的尾气焚烧和利用。

宁夏回族自治区活性炭的生产主要集中在宁夏北部，主要以太西无烟煤为原料，采用物理活化法，生产柱状活性炭，可用于水净化。由于与烟煤原料煤特性的不同，利用以无烟煤为主要原料很难通过配煤法将煤粉压成块状再进行破碎生产破碎净水炭。在宁夏地区的活性炭主要都是通过煤粉和煤焦油的捏合，再通过成型，再继续炭化、活化生产而成的。其中为了混合均匀和成型强度的需要，宁夏地区一般都采用两级捏合，在过两级成型装置生产料条。这样生产出的料条强度比较高，经过炭化、活化后破碎率低，产品质量较好。宁夏地区活性炭生产企业炭化装备主要采用内热式回转炭化炉，活化炉绝大多数采用斯列普活化炉。目前，宁夏地区的活性炭企业绝大多数的企业都经过了内热式炭化炉的尾气焚烧、利用改造，斯列普活化炉的尾气也经过改造利用。

目前在大同和宁夏已建成活性炭生产企业约50多家，形成近 18×10^4 t/a 的生产能力。山西、宁夏主要活性炭生产厂生产情况及技术水平如表3-2所示。目前，随着人民生活水品的提高，人们对生活品质的重视，活性炭企业正在建设和计划扩产的也比较多。其主要面临的主要矛盾是较为落后的生产工艺和目前不断提高的生产环保标准的矛盾，落后的生产工艺产能较低，生产环境恶劣，工人劳动强度大，热能利用效率较低，环境污染较为严重。这些都是亟待解决的问题,因此有着较为先进活性炭生产工艺、生产设备的企业会较有竞争力。

表 3-2 山西、宁夏地区主要煤基活性炭生产企业产能及技术水平一览表

地区	名称	生产能力/(10^4 t/a)	技术水平
宁夏	宁夏天福活性炭有限公司	0.4	国产设备
	石嘴山西源煤业有限公司	0.5	国产设备
	宁夏恒辉活性炭有限公司	0.4	国产设备
	核工业宁夏活性炭厂	0.5	国产设备
	宁夏华辉活性炭股份有限公司	2.5	国产设备
	神华宁煤活性炭有限责任公司	0.6	进口设备
	宁夏蓝白黑活性炭有限公司	1.0	国产设备
	宁夏广华奇思活性炭有限公司	1.0	国产设备
	宁夏宝塔活性炭有限公司	1.0	国产设备
	宁夏绿源恒活性炭有限公司	0.6	国产设备
山西	山西新华化工有限责任公司	3.0	部分进口
	大同惠宝活性炭有限责任公司	1.2	国产设备
	大同卡尔冈炭素有限公司	6.0(生产压块炭半成品)	进口设备
	大同华青活性炭厂	1.0	进口设备
	大同丰华活性炭公司	0.8	部分进口
	山西玄中化工实业有限公司	1.0	部分进口
	山西左云云鹏煤化公司	0.5	国产设备
	山西怀仁环宇净化材料有限公司	1.0	国产设备
	大同光华活性炭有限公司	1.0	国产设备

3.6 饮用水深度净化用活性炭的应用现状

活性炭在饮用水处理方面的用途极为广泛,它常用于:
(1) 生活饮用水的嗅、味、酚、卤代甲烷等和余氯的去除。
(2) 用于制备高纯水的预处理,使自来水进行离子交换前,预先去除水中的有机物、微生物、胶体与余氯,以防离子

交换树脂被有机物等污染。

(3) 用臭氧与活性炭结合使用,可以去除合成有机物,如烷基苯磺酸盐(ABS)、滴滴涕及三卤甲烷的前体物质。

世界上利用活性炭深度净化处理饮用水的主要国家有美国、德国、英国、瑞典及日本。他们普遍采用粉状或颗粒状活性炭进行水处理。粉末状活性炭投放的设备较简单,但是炭的吸附能力不易充分利用,所需要的投炭量较大,较难适应所原水含污染物的数量变化。而且添加粉末活性炭对微量污染物的去除率难以保证,劳动条件差,且用过的炭处置困难,一般都是用后丢弃,不进行再生。当粉末状活性炭投加量达到20mg/L以上时就很不经济。因此,鉴于经济、管理和再生等方面的考虑,以及为了更有效地去除水中微量污染物的原因,许多水厂正逐渐采用颗粒活性炭替代粉末活性炭。

1930年,美国密执安州贝城建成第一座颗粒活性炭滤池,以去除水中氯的嗅味。1966年,在美国萨默塞特建成第一座先后经砂滤和活性炭过滤的水厂,过滤水量为$1 9\times 10^4 m^3/d$。1972年,瑞典哥德堡建成的Alelyckan水厂,是欧洲最早的附设再生炉的颗粒活性炭过滤水厂。在20世纪60年代末70年代初,由于煤质颗粒炭的大量生产和再生设备的问世,发达国家开展了利用活性炭吸附去除水中微量有机物的研究工作,对饮用水进行深度处理。颗粒活性炭净化装置在美国、欧洲和日本等国陆续建成投产。美国以地面水为水源的水厂已有90%以上采用了活性炭吸附工艺。目前世界上有成百座用颗粒炭吸附的水厂正在运行。国外目前在给水处理中最常用的是降流式活性炭吸附池,据报道最大单池面积达$180m^2$,单层炭层厚度为0.7~2.5m,空床接触时间6~20min,大多数采用压缩空气和水联合冲洗方式。

我国在20世纪60年代末期,开始利用活性炭去除受污染水源中的臭和味。1967年沈阳自来水公司用活性炭吸附去除由于工业废水污染引起的地下水的嗅味,取得了较好的效果。

由于黄河水源受工业污水污染，水中油、汞、酚和硝基化合物等有害物质含量超过国家规定的卫生标准，1975 年 9 月建成了处理能力为 $3×10^4 m^3/d$ 的颗粒活性炭吸附饮用水中污染物的深度净化装置和活性炭再生装置，净水效果良好，运行基本正常。80 年代初北京市市政工程设计院在北京市第一座带有深度处理的地面水水厂——田村山水厂进行了活性炭吸附试验。

我国在 20 世纪 60 年代开始进行活性炭深度处理技术的研究，已发展至活性炭吸附技术与臭氧联合的臭氧活性炭技术、与生物结合的生物活性炭技术及活性炭吸附与超滤结合的技术等等。这为活性炭技术的使用提供了广阔的市场前景。

近几十年来，在水处理技术的发展过程中，各国在探索活性炭与其他方法结合使用时发现，在改善水质方面，联合法处理效果显著，弥补了活性炭由于再生频繁致使水处理成本较高的问题。颗粒活性炭处理技术与其他技术联用，虽然方法不同，有的放在常规处理之后，有的与常规处理结合在一起，但可以肯定，这已经被公认和证实是处理污染水和减少饮用水中有机物浓度的最有效技术。

第四章　VOCs回收用活性炭

4.1　概述

4.1.1　VOCs定义

VOCs是挥发性有机物的简称，来源于Volatile Organic Compounds 3个单词的首字母缩写，s表示是多种混合物，它是以蒸汽形式存在于空气中的一类有机物。

不同组织对VOCs定义略有差别，例如美国环保署（EPA）定义的VOCs是指除CO、CO_2、H_2CO_3、金属碳化物、金属碳酸盐和碳酸铵外，任何参加大气光化学反应的含碳有机物。世界卫生组织（WHO）定义VOCs是指沸点在50~250℃的有机物，室温下饱和蒸汽压超过133.32Pa，在常温下以蒸汽形式存在于空气中的一类有机物。从以上定义来看，EPA对初馏点不作限定，强调的是参与光化学反应，即会产生危害的那一类VOCs，对于不参加大气光化学反应的就叫作豁免溶剂，如丙酮、四氯乙烷等，主要从环保角度对其进行定义；而WHO定义从什么条件下是VOCs出发，规定了初馏点，但不管其是否参加大气光化学反应。

中国国内目前还未给出权威的公开定义，但是环保部多次组织召开了界定VOCs定义的会议，最终推荐定义VOCs就是参与大气光化学反应的有机化合物或者是根据规定的方法测量或核算确定的有机化合物，这一定义明确了我国污染控制的目的，即控制VOCs的光化学性、臭氧和雾霾。

VOCs按其化学结构的不同，可以进一步分为八类：烷类、芳烃类、烯类、卤烃类、酯类、醛类、酮类和其他。

4.1.2　VOCs来源

VOCs来源广泛，包括天然源和人为源。其中人为源主要包括工业源和生活源。由于VOCs涉及的物质种类、排放行业众多，且以无组织排放为主，长期以来我国一直未将其纳入常规污染物管理，目前中国缺乏VOCs排放量的权威数据。

近年来，随着工业发展，生产和使用有机溶剂的领域也越来越多。在有机溶剂生产、使用、储运过程中会大量产生VOCs。例如丙酮，甲苯、二甲苯等芳香族溶剂，醇类，脂类等溶剂在合成纤维和合成树脂工业、印刷业、纸加工业等领域中大量的使用，为了防止使用的这些溶剂在使用过程中挥发污染，需进行回收及无害化处理。

VOCs来源除了有机溶剂生产及应用领域，另外一大来源主要是石油加工与储运过程中的油气挥发。汽油等油气资源易挥发，在运输、储备、使用过程中易蒸发而产生损耗。我国每年因加工、储运浪费的油气资源高达上百万吨，造成环境的严重破坏，而且挥发的油气易燃易爆，与空气混合后易达到爆炸极限，从而引发爆炸、火灾等安全事故。因此，对挥发的油气进行回收再利用，不仅可以减少能源的浪费，保护环境，也有利于保障企业安全。

生活源的VOCs排放非常复杂，多为无组织排放，主要包括油烟排放、建筑装饰、秸秆焚烧、垃圾焚烧、服装干洗等。其中，餐饮油烟可通过尾气净化控制；建筑装饰、秸秆焚烧、垃圾焚烧等只能从源头加以限制。服装干洗则可以通过改进设备，使含VOCs溶剂密闭运行，或者加装VOCs活性炭吸附装置进行处理。

4.1.3　VOCs特点及危害

VOCs分子量较小，沸点相对较低，易挥发，饱和蒸汽压较高，具有相对强的活性，是一种性质比较活泼的有机蒸汽。

VOCs在大气中既可以以气态存在，又可以在紫外线照射下，再次生成为固态、液态或二者并存的二次颗粒物存在。全世界范围内公认其是形成PM2.5的重要前体物，也是我国雾霾危害的主要来源之一。VOCs可以在空气中长时间存在，随风吹雨淋，或者飘移扩散至其他地方，或者进入水体和土壤，污染环境。

VOCs种类繁多，多数有毒，部分已被列入强致癌物，如甲醛、苯环类等；VOCs中的卤代烃类有机物会破坏臭氧层；VOCs会参与形成光化学烟雾和气溶胶，污染环境；VOCs污染问题在发达国家很早就得到重视，如美、日和欧盟国家多年前即执行了严格的VOCs排放标准，中国近年来也颁布了多项限制排放标准及措施。

4.1.4　VOCs回收技术

根据VOCs排放浓度不同，所选择技术也有所不同。对于溶剂浓度达到几万ppm以上的高浓度气体，一般通过冷凝法方式进行回收。在VOCs浓度中等或比较低时，通常采用活性炭法进行回收、再生。对于超低浓度的VOCs一般采用焚烧处理或者催化剂催化分解等方法，也可采用活性炭吸附进行无害化处理，然后对吸附饱和的活性炭进行再生处理即可。以上方法难以回收的有机物，一般采用膜分离法，其原理是利用VOCs与空气透过膜的能力不同，使二者分开。

4.1.5　VOCs回收用活性炭

活性炭具有吸附能力强，原料充足、易再生的优点，被大量应用于VOCs的回收领域。目前，VOCs首选吸附剂为煤基活性炭。活性炭具有高度发达的孔隙结构，能吸附多种不同大小的有机物分子和成分，而且，活性炭机械强度高、抗酸耐碱、化学稳定性好，对原料气要求较低。活性炭主要由碳元素组成，具有疏水性的表面，是一种非极性、易于吸附有机物质的多孔吸附剂，因而特别适宜于气体或液体混合物中有机物的吸附回收。VOCs 回收活性炭主要指标如表 4-1 所示。

表 4-1 VOCs 回收活性炭性质

编号	项 目	单 位	活性炭
1	粒径	mm	0.5~3
2	堆积密度	g/L	300~600
3	碘值	mg/g	≥1000
4	亚甲蓝值	mg/g	≥180
5	四氯化碳值	%	≥70
6	比表面积	m²/g	≥1000
7	平均孔径	nm	1.5~3

活性炭用于 VOCs 回收主要存在如下特点：

1. 吸附效率高

采用活性炭对 VOCs 进行吸附，吸附效率最高可达 99% 以上，完全能满足现有的排放限值。

2. 吸附、脱附速率快

活性炭具有巨大的比表面积，VOCs 气体在孔隙内很短时间就能被吸附，吸附速率快；活性炭吸附的有机物一般为物理吸附，容易脱附，而且通过调整活性炭的孔径分布可获得 VOCs 能快速"吸进去，吐出来"的结构。

3. 有机物回收质量好

由于活性炭性质稳定，在受热环境下不会分解；而且吸附的有机物易脱附，不影响有机物的品质，回收的有机物可以直接回收利用。

4. 其他优点

相比于其他吸附剂材料，活性炭物理化学性质稳定，吸附过程不受水蒸气等杂质干扰；根据原料及制备工艺的不同，活性炭表面富含酸性、碱性官能团，为吸附 VOCs 气体提供了有利的场所；是一种非极性吸附剂，相比于沸石等无机吸附剂能吸附更多的非极性和弱极性有机分子；活性炭可再生循环使用，并且吸附的有机物通过升温或减压很容易脱附，而且活性炭再生时的能耗也较低。

4.2 活性炭用于 VOCs 回收原理

4.2.1 吸附

活性炭是一种非极性物质，对有机物具有很强的亲和能力。活性炭对 VOCs 的吸附性能与其孔隙结构、比表面积密切相关。一般来说，孔隙直径决定了对有机物分子的选择性，而比表面积决定了有机物的吸附容量。

活性炭具有高度发达的孔隙构造，其中有一种被叫做毛细管的微孔，毛细管具有很强的吸附能力，发达的孔隙构造使活性炭具有很大的比表面积，能使气体与毛细管充分接触，从而有机物分子被毛细管吸附。由于有机物分子之间存在相互吸引的"范德华力"存在，当一个有机物分子被捕捉进入到孔隙中后，会在分子吸引力作用下吸附更多的有机物分子，直到充满活性炭内孔隙为止。这种吸附在温度一定的条件下，符合 Langmuir 吸附等温线模型。模型如下：

$$q = \frac{q_{\infty} KC}{1 + KC} \qquad (4-1)$$

式中，q 为 VOCs 吸附量，g/g；q_{∞} 为 VOCs 饱和吸附量，g/g；K 为 Langmuir 平衡常数；C 为 VOCs 浓度，mg/Nm³。

选择合适的活性炭对 VOCs 的吸附至关重要，应综合考虑活性炭的粒度大小、着火点、强度、pH 值、孔径分布以及比表面积等各种性质，才能在实际使用的气体浓度、湿度、温度及压力等条件下，使其发挥有效的吸附能力。其中最重要的是合适的孔径分布与比表面积，由于 VOCs 一般为多种有机物的混合物，含有低沸点到高沸点的多种复杂成分，因此，要求吸附用的活性炭必须具有一定比例微孔情况下，还有具有足够多的中孔及大孔。根据国际纯粹与应用化学会对孔隙的分类：孔径<2nm 为微孔；孔径在 2~50nm 之间的为中孔，或称为过渡孔；孔径>50nm 为大孔。

活性炭中的微孔一般认为是起到吸附的主导作用，对大多数的有机物来说是主要的吸附活性位，由于活性炭的吸附绝大部分发生在微孔内，因此吸附量受微孔的数量支配，所以在制取活性炭产品时根据需求要有一定比例的微孔。中孔主要是大分子的活性位，同时它也为小吸附质分子进入微孔提供通道，在有些情况下，传输功能要比活性位更重要，因此中孔也是一类很重要孔隙结构。一般来说，只有少数微孔直接通向外表面，在绝大多数情况下，活性炭的孔隙结构主要按下列方式排列：大孔直接通向活性炭的外表面，中孔是大孔的分支，微孔又是中孔的分支。微孔的吸附作用是以大孔的通道作用和中孔的过渡作用为基础。因此，吸附性能好的活性炭在孔结构上应有充分发达的微孔，同时又有数量及排列适宜的中孔。

比表面积决定有机物的吸附容量，比表面积大，能提供足够的有效吸附场所。比表面积主要由活性炭的微孔数量决定，而中孔及大孔的比表面积在整个活性炭中所占比例较小，因此微孔数量是决定比表面积大小的重要指标。

4.2.2 脱附回收

VOCs 回收中的脱附操作方法主要包括 2 种：

1. 升温脱附

VOCs 在活性炭孔隙中一般发生的是物理吸附，根据物理吸附的特征，吸附量随温度的升高会减小，因此通过升高活性炭的温度，可以使被吸附的有机物脱附解吸下来，原理是通过改变吸附平衡关系进行脱附，又称加热脱附或变温脱附。常用的加热方式包括：电加热、水蒸气加热、微波加热以及高温惰性气体加热等。有机溶剂回收领域中一般采用水蒸气加热方式。

2. 减压脱附

VOCs 在活性炭上的吸附量一般随压力的升高而升高，因此为了使活性炭获得较高的吸附量或较高的吸附效率，一般会在较高的压力下或常压下吸附，然后通过降低压力或者抽真空，从而降低活性炭床层内气相 VOCs 浓度，以此改变平衡点，可以使吸附的有机物解吸脱附，实现活性炭的再生，这种方法也称为变压脱附。石油加工与储运行业中的油气回收一般采用此种方法进行脱附。

4.3　活性炭用于 VOCs 回收的工艺技术

根据脱附采用的方式不同，一般分为以下几种工艺：一种为变压吸附(PSA)，另一种为变温吸附(TSA)或者二者联用的 TPSA 技术。

1. 变压吸附

变压吸附是上世纪 50 年代发展起来的气体分离技术，至今也有 60 多年的历史，其技术成熟，广泛用于空气分离、CO_2、CO、H_2、CH_4 等气体的提纯，后来逐渐扩展用于 VOCs 回收领域。主要原理是通过改变系统压力，使有机物实现吸附和脱附，脱附后的活性炭恢复吸附活性，可进行下一次循环使用。脱附下来的有机物气体可利用同类液体有机物进行吸收回收，该工艺简单，自动化程度较高，在油气回收领域应用较为广泛。

2. 变温吸附

由于 VOCs 在活性炭上的吸附属于物理吸附，升高温度会降低吸附量，因此变温吸附正是利用有机物在不同温度下吸附量不同来实现 VOCs 的回收，常温下被吸附的 VOCs 可通过加热活性炭使其脱附，从而使活性炭得到再生，待活性炭冷却后可再次循环使用。

活性炭用于 VOCs 回收工艺流程如下：吸附过程至少需要

2个吸附塔,一个吸附时另一个脱附再生,采用吸附塔轮流作业方式进行工作,以保证整个工艺过程的连续性。将含VOCs的气体通过其中一个活性炭床,其中的VOCs被活性炭吸附,一般为常压吸附,吸附之后的废气达到排放标准,可直接排入大气。当排出的废气超出设定值后迅速切换吸附塔,并对已吸附完的活性炭进行脱附再生。如果采用变压吸附工艺,一般对吸附塔采用真空泵抽真空处理。真空环境下,吸附的有机物脱附,真空度越高脱附越彻底,然后脱附下来的VOCs被惰性载气吹扫出来后,利用同类液态形式的有机物直接吸收,未吸收的VOCs返回吸附塔进行再次循环吸附,而吸收后的有机物溶剂泵回贮藏罐。石油加工与储运过程中的油气回收就采用此工艺,流程如图4-1所示。如果采用变温吸附工艺,一般脱附采用水蒸气作为脱附剂,通入水蒸汽加热炭层,VOCs被吹脱放出,并与水蒸汽形成蒸汽混合物,一起离开炭吸附床,用冷凝器冷却蒸汽混合物,使蒸汽冷凝为液体。若VOCs为水溶性的,则用精馏法将液体混合物提纯;若为水不溶性,则用沉析器直接回收VOCs。因涂料中所用的"三苯"与水互不相溶,故可以直接回收,工艺流程如图4-2所示。

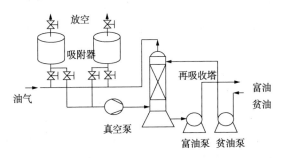

图4-1　油气回收工艺流程图

活性炭吸附法主要用于气体中组分比较简单、有机物回收利用价值较高的情况,其处理设备的尺寸和费用与气体中

VOCs 的数量成正比，与气体流量关系较小。因此，活性炭吸附法多应用于大流量、低浓度 VOCs 气体。适于喷漆、印刷、黏合剂和石油加工储运等温度不高，湿度不大，排气量较大的场合。

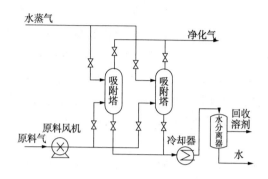

图 4-2　变温吸附工艺流程图

4.4　VOCs 回收活性炭的制备技术

VOCs 回收用活性炭一般为颗粒活性炭，其中以柱状活性炭为主。柱状活性炭工艺是煤基活性炭生产中较为复杂的一种生产工艺，在国内外规模化工业生产已有几十年的历史，工艺技术比较成熟，应用比较广泛。该工艺在我国的发展始于 20 世纪 50 年代后期，当时由太原新华化工厂从前苏联引进斯列普活化炉生产线生产煤基柱状活性炭，经过国内几代活性炭技术人员的努力，该工艺得到了长足的提高和完善，尤其是 20 世纪 80 年代中期以后，该工艺在国内取得了飞速发展。目前该工艺在国内应用比较普遍，尤其是宁夏地区的煤基活性炭生产厂商基本都是采用此工艺。其生产工艺流如图 4-3 所示。

该工艺流程如下：首先将原料煤磨粉到一定细度（一般为 90% 以上通过 200 目），加入一定数量的黏结剂和水（采用催化活化法时则同时添加一定数量的催化剂）在一定温度下捏合一定时间；待加入的黏结剂和水与煤粉充分的浸润、渗透和分散均匀后，通过成型机在一定压力下用一定直径的挤条模具挤压成炭条；炭条经风干后炭化，炭化好的炭化料经筛分成合格的炭化料，加入活化炉进行活化；活化好的活化料经过筛分、包装即为柱状活性炭成品。活化料筛分时的筛下物能够作为副产品加以回收，其中颗粒部分可用于生产破碎状颗粒活性炭，粉末部分可以通过磨粉生产粉状活性炭。

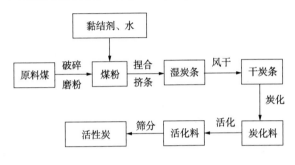

图 4-3　活性炭生产工艺流程图

由于 VOCs 回收用活性炭对材料的孔径分布与比表面积要求较为严格。因此，根据原料煤的不同，有时需要通过特殊的工艺进行生产，目前的生产工艺主要包括配煤法与添加剂法 2 种方式，在选择合适的炭化活化工艺条件下，主要是通过改变工艺配方进行调整获得合适的孔径分布与比表面积。

4.4.1　配煤法

VOCs 成分不一样，要求的性能指标也不尽一样，例如在油气回收领域，一般以丁烷工作容量（BWC）来进行表征，判断不同制备条件下得到的活性炭其油气吸附性能的优劣程度。丁烷工作容量定义为单位体积的活性炭对丁烷的饱和吸附量和在规定条件下经干燥空气吹扫后仍保留的丁烷量之差值。丁烷吸附过程为微孔填充和毛细凝聚的双重特征，吸附前期，丁烷吸附表现为微孔填充，而在吸附后期主要是受中孔影响的毛细凝聚过程。在微孔吸附过程中，被吸附的丁烷会造成相邻孔壁的势能场过度重叠，特别当孔径仅比丁烷分子直径稍大时，相邻两壁交互作用能达到最大增量，从而捕获丁烷的有效交互作用能就会增强，使得吸附在微孔中的丁烷不易于解吸，但此增量在孔径稍大于两倍吸附质分子直径时就会消失。当活性炭的微孔直径比吸附分子直径大4~5倍时，孔壁场的作用力（色散力）相互叠加，增强了表面和分子间的相互作用能，因此，对于丁烷（分子直径约为0.5nm）吸附来说，既要"吸进去"，也能"吐出来"，这就要求孔径在微孔的上限以及中孔的下限为最佳吸附孔径。为了创造适宜的孔径，如果纯粹采用一种原料煤种很难控制所要求的孔径，因此需要配煤来进行活性炭孔径的控制。

不同变质程度的原料煤制备的活性炭具有各自的吸附性能和特点，采用变质程度较低的烟煤制备的活性炭具有发达的中孔，而变质程度较高的无烟煤可以制备出高比表面积、微孔数量丰富的活性炭。以一种无烟煤和一种烟煤进行配煤生产的油气回收活性炭为例，配比比例与各项指标如表4-2所示。

表4-2 活性炭性能指标

编号	配煤比例（无烟煤：烟煤）	碘值/(mg/g)	亚甲蓝/(mg/g)	堆比重/(g/L)	BWC/(g/100mL)	比表面积/(m^2/g)	平均孔径/nm
1	1:0	1147	315	420	6.8	1242	1.9480
2	1:1	1098	295	313	10.7	1478	2.6340
3	2:1	1127	315	338	11.1	1384	2.4950
4	3:1	1141	305	334	11.1	1487	2.2480

从表4-2可以看出，随着无烟煤比例增加，平均孔径明显往微孔方向移动，这也说明了无烟煤原料制备活性炭具有微孔

发达的特点，并且通过配煤，明显改善了 BWC 指标。配煤是生产高性能 VOCs 回收用活性炭的方法之一。

4.4.2 添加剂法

活性炭生产过程中的炭化实质是有机物的热解过程，包括热分解反应和热缩聚反应，物料在热分解和热缩聚反应过程中析出煤气和煤焦油，物料中有机化合物的氧键结合基被破坏，氧元素以 H_2O、CO、CO_2 等气体析出，同时形成芳香族化合物和交联的高强度碳分子结构固体，炭不断富集，最后经过石墨化过程成为富炭或纯炭物质。在炭化过程中，由于物料在高温分解时将氧和氢等非碳物质排出，失去氧氢后的碳原子则进行重新组合，形成具有基本石墨微晶结构的有序物，这种结晶物由六角形排列的碳原子平面组成，它们的排列不规则，因此形成了微晶之间的空隙，这些空隙便是炭化料的初始孔隙。因此，炭化的目的是使物料形成容易活化的二次孔隙结构并赋予能经受活化所需要的机械强度。为了使活性炭在炭化过程中形成足够的孔隙结构，为后续活化剂的进入提供足够的场所，可以在原料中添加少量添加剂，形成足够多的可供活化的孔隙结构，减少活化时间。

活化过程是将炭化产物在 800~950℃ 高温下，以水蒸气、CO_2 或空气作为活化剂，使其与碳发生化学反应，从而形成足够多的孔隙结构。活化剂如何较为均匀的对炭表面进行活化是 VOCs 回收用活性炭制备的关键技术。当活化温度较高时，活化反应速度太快，活化剂难以扩散到孔隙内部，在孔隙入口附近就被反应，不能对整个炭颗粒进行有效均匀的活化。因此，一方面通过加入具有造孔能力的添加剂可以提高孔隙率，另一方面具有催化作用的添加剂可以降低活化反应温度，促进水蒸汽的有效扩散，有利于造孔。以 A、B 两种复合添加剂生产油气回收用活性炭为例(分别标记为 1 和 2)，其检测指标如表 4-3 所示。

表4-3 活性炭性能指标

编号	碘值/(mg/g)	亚甲蓝/(mg/g)	堆重/(g/L)	BWC/(g/100mL)	比表面积/(m²/g)	平均孔径/nm
1	1467	360	322	12	1589	2.528
2	1407	330	310	12.5	1597	2.491

从表4-3可知，通过添加添加剂，极大促进了活性炭孔隙结构发育，比表面积接近1600m²/g，添加剂法是用于生产VOCs回收活性炭的技术之一。

4.5 VOCs回收用活性炭的生产现状

4.5.1 生产情况

我国煤基活性炭主要产地集中在山西、宁夏地区，内蒙、陕西、新疆等省或自治区也有零星分布的厂家。由于生产VOCs回收用活性炭技术要求较高，大多以生产柱状活性炭为主。因此，需要的原料也很重要，目前主要以太西无烟煤或大同烟煤作为主要原料，因此，生产厂家多数集中在宁夏和山西两省。

由于VOCs回收用活性炭在煤基活性炭中属于细分品种，而且目前我国活性炭厂家分布较为松散，厂家众多，全国的年产量未有确切统计数据，初步估计在$(2\sim6)\times10^4$t/a左右。

4.5.2 主要生产设备

VOCs回收用活性炭所采用的工艺和设备基本与生产常规活性炭相同，主要包括磨粉、捏合、成型、炭化与活化等工艺过程，这里重点介绍多数VOCs回收用活性炭生产厂家所采用的设备。包括捏合设备、成型设备、炭化和活化设备。

1. 捏合设备

捏合的目的是使煤粉、黏结剂和水充分混合均匀，使原料易于成型，是活性炭成型过程不可或缺的步骤。多数厂家采用间歇式捏合机,一般采用常压蒸汽加热或油加热翻缸出料的形式。这种捏合方式物料混合充分,捏合效果可自由控制,但缺点也较多。由于是间歇操作,处理能力低,且设备不密封或密封效果差,捏合过程中会有煤粉溢出,采用的黏结剂焦油在加热过程中会散发大量刺激性气体,工作环境较差。并且需要人力将捏合好的物料送入成型机,劳动强度大。

部分厂家改进生产设备,采用新型连续式捏合机。连续式捏合机的物料从一端进入,在搅拌桨的作用下,物料向前运动,经过一段时间后,物料捏合完毕,从另一端下料口排出。整个进料、搅拌、出料连续进行,且设备密封性好,是目前活性炭行业较为先进的捏合设备。为保证物料有足够的捏合时间,该设备长度较长,一般在3 m左右。目前新建活性炭厂大都采用连续式捏合设备,部分厂家为获得更好的捏合效果,一般采用2~3台设备串联捏合。

2. 成型设备

四柱液压机是目前常用的成型设备,主要包括主机、进料装置以及压缸压头等辅助设施。物料送入压缸后,主机带动压头自上而下移动,物料在压头的挤压下,从压缸底部的模具挤出成型,压头回到原位,准备下一次挤压。多数厂家采用人工上料方式进料,部分企业改进了进料方式,采用自动推料机实现自动进料,大大降低劳动强度。

3. 炭化设备

炭化设备采用回转炉形式,现已建成的企业基本采用内热式炭化炉。该设备技术成熟,结构简单,易于操作,价格便宜,但单台处理能力较低,物料存在烧蚀现象,能耗较高。由于内热式炭化炉物料直接与加热源接触,在炭化过程中会损失一部分原料,而且需要外加燃料提供热源。

4. 活化设备

活化是指水蒸气或O_2与碳反应的过程,是活性炭造孔的重要过程之一。活化具有多种炉型，生产VOCs回收用活性炭采用的主要炉型为斯列普活化炉。斯列普炉是20世纪50年代由苏联引进，根据产品道数量不同可分为多个系列，单台设备产量为500~3000 t。该设备能自热平衡，不需外供燃料，且进出料均已实现自动化。

4.6 VOCs回收用活性炭的应用现状

4.6.1 油气回收

石油加工与储运过程中，轻烃类有机物容易挥发，此类物质被称为油气，对该类有机物通过有效的技术手段使其变成液态进行回收的过程就叫油气回收。目前主要包括吸收、吸附、冷凝等工艺技术，而最为常见的是吸附法油气回收技术。

1972~1976年，美国的J. C. McGill等人开始研发油气吸附技术，并于1976年申请油气回收专利。吸附法油气回收系统主要在西欧、美国等国家和地区应用较为广泛。据报道，2000年美国采用冷凝法回收油气只占15%，而活性炭吸附法达到45%，这说明吸附法在美国得到了广泛的推广。2000年活性炭吸附法已经成为了美国的工业标准，这为我国的油气回收提供了很好的借鉴作用。

2007年以来，国内油气回收行业迅猛发展。一方面，相应的国家法律法规、执行标准连续颁布，国家发改委、科技部、环保部等政府部门配套的管理方案、实施细则、技术导则陆续出台，对油气回收行业发展的指导文件、扶持政策也不断完善；另一方面，北京奥运会的召开有力地推动了油气污染的治理和油气的回收利用。京津冀、珠三角、长三角等地区油库、加油站相继安装了油气回收处理装置，全国的油气回收行动迈出了大步伐。

根据国家环境保护总局、国家质量监督检验检疫总局最新制定污染物排放标准,炼油厂、石油公司油库的原油、汽油周转量等于或大于 $10×10^4 m^3$ 必须装设油气回收装置。国内对汽油等油气资源的环保排放标准已经给出了明确的规定(参阅 GB 20952—2007 和 GB 20950—2007,油气排放标准≤$25g/nm^3$,油气回收效率≥95%);环境保护部印发的《石化行业挥发性有机物综合整治方案》,规定到 2017 年,全国石化行业基本完成 VOCs 综合整治工作。随着节能减排政策的进一步实施,预计国内石油生产、转运、贮存等场所安装回收系统市场广阔,对吸附剂的需求量将极大的增加,市场需求总量将逐年上升。

4.6.2 有机溶剂回收

活性炭吸附法回收有机溶剂是从上世纪开始,直到目前,仍然是全世界有机溶剂回收的主流技术。活性炭能有效的吸附有机溶剂蒸汽,并且很容易被水蒸汽解吸再生,因此,该技术被广泛应用于各个溶剂回收领域。活性炭吸附法最适于吸附回收脂肪和芳香族溶剂、含氯溶剂、醇类、酯类、酮类等溶剂,常见的有三苯(苯、甲苯、二甲苯)、己烷、丙酮、环己酮、二氯甲烷、三氯乙烷、甲基乙基酮、四氯化碳、醋酸乙酯等。

根据《挥发性有机物(VOCs)污染防治技术政策》(2013 年第 31 号),要加强涂料、油墨、胶黏剂、农药、涂装、印刷、黏合、工业清洗等以 VOCs 为原料或使用的行业 VOCs 污染防治,并且对于 VOCs 治理给出了明确的治理措施,如对于含高浓度 VOCs 的废气,宜优先采用冷凝回收、吸附回收技术进行回收利用,并辅助以其他治理技术实现达标排放;对于含中等浓度 VOCs 的废气,可采用吸附技术回收有机溶剂净化后达标排放;对于含低浓度 VOCs 的废气,有回收价值时可采用吸附技术、吸收技术对有机溶剂回收后达标排放。随着 VOCs 治理措施的进一步实施,我国将加快推进活性炭吸附法在有机溶剂回收领域的应用范围。预计"十三五"期间将陆续出台 VOCs 排污费政策与相关行业标准,届时又将是活性炭吸附法的快速发展时期。

4.6.3 VOCs废气处理

对于超低浓度或比较分散的VOCs气体源，可以通过活性炭吸附法吸附提浓后进行处理。通过活性炭吸附废气，当吸附饱和后，脱附再生，将废气吹脱后催化燃烧，转化为CO_2和H_2O，再生后的活性炭继续使用。当活性炭再生到一定次数后，吸附容量明显下降，则需要更新活性炭，一般可使用3~5年（根据VOCs浓度不同更换时间不同）。活性炭是目前处理VOCs废气使用最多的方法，广泛用于汽车、造船、摩托车、家具、家用电器、钢琴、钢结构生产厂等行业的喷漆、涂装车间或生产线的VOCs废气净化；也可与制鞋黏胶、印铁制罐、化工塑料、印刷油墨、电缆、漆包线等生产线配套使用；还可以应用在电子厂家，如半导体厂、LCD厂、PCB厂等相关电子厂的VOCs废气。

总之，我国的VOCs排放源涉及100多个行业，情况及其复杂，市场空间巨大，预计到2020年，VOCs治理减排市场规模可达1000亿元左右。因此未来几年，我国VOCs回收用活性炭的需求将进一步增加。

第五章 碳分子筛

5.1 概述

二十世纪五十年代，伴随着工业革命的大潮，炭材料的应用越来越广泛，其中活性炭的应用领域扩展最快，从最初的过滤杂质逐渐发展到分离不同组分。与此同时，随着技术的进步，人类对物质的加工能力也越来越强，在这种情况下，碳分子筛(Carbon Molecular sieves，简记为CMS)应运而生。

碳分子筛作为一种新型碳质吸附剂，主要由1nm以下呈狭缝状的微孔和少量大孔组成，孔径分布较窄，一般在0.3~1.0nm左右。制备碳分子筛的原料非常广泛，原则上所有的炭质原料均可用于碳分子筛的制备。碳分子筛的应用范围较广，主要应用在医疗、农业、化工、催化及变压吸附分离等领域，尤其是变压吸附制氢、空分制氮领域。

碳分子筛的研制及其工业化应用最早起源于德国，20世纪60年代末期，碳分子筛首先由联邦德国亚琛矿业研究公司(简称BF公司)研制成功，其后日本、美国、苏联等国也相继开展了这方面的研究，他们的产品性能一直居国际领先地位。苏联学者杜比宁提出的著名的微孔体积填充理论被广泛地用于表征碳分子筛这类微孔吸附剂。目前，国际上比较著名的从事商业化生产碳分子筛的公司有德国BF公司(刚刚停产)、美国Calgon公司、日本Takeda化学工业公司(现已转到JEC名下)和Kuraray化学品公司。

我国从20世纪70年代开始碳分子筛的研究工作，化工部上海化工研究院于1978年正式开展碳分子筛的研制，至1982

年为止已完成小试、扩试和试生产。吉林化工研究院和大连理工大学也相继开展了碳分子筛的研制工作。但总的来讲，国内碳分子筛产品的质量与国际水平差距较大，因产品强度、生产工艺、分离单一性等诸多方面的不足，制约了碳分子筛在气体分离中的推广应用。

　　煤炭科学研究总院依托国家科技重大专项的支持，持续开展了碳分子筛的研制工作。在"十一五"期间成功开发出了煤基碳分子筛，"十二五"期间进一步优化了煤基碳分子筛的生产工艺，并且又开发了树脂基碳分子筛。通过试验室小试、中试及工业化示范线的验证，煤科总院自主研制的碳分子筛系列具有较高的强度、较好的空气分离效果和煤层气浓缩效果。"十二五"末又率先开发了果壳基碳分子筛，走在了国内碳分子筛产学研相结合领域的前列。

5.2　碳分子筛分离气体的原理

　　以碳分子筛作为吸附剂分离气体的方法有变温吸附(Temperature Swing Adsorption，简写为 TSA)和变压吸附(Pressure Swing Adsorption，简写为 PSA)。气体分离工艺过程的实现主要是依靠碳分子筛吸附剂在吸附过程中所具有的两个基本性质：一是对不同组分的吸附能力不同；二是吸附质在吸附剂上的吸附容量随吸附质的分压上升而增加，随吸附温度的上升而下降。利用吸附剂的第一个特性，实现了对混合气体中某些组分的分离、提纯；利用吸附剂的第二个性质，实现吸附剂在低温高压下吸附、在高温低压下解吸再生。

　　理论上一般认为当碳分子筛的孔径分布均匀、介于两种气体直径之间，且接近待分离组分的气体分子直径时，混合气体在其孔内的扩散速度或吸附速率有所不同，从而实现对气体的分离。碳分子筛分离气体主要是变压吸附，变压吸附气体分离装置中的吸附主要为物理吸附，机理主要基于动力学分离。

变压吸附操作由于吸附剂的热导率较小,吸附热和解吸热所引起的吸附剂床层温度变化不大,故可将其看成等温过程,它的工况近似地沿着常温吸附等温线进行,在较高压力下吸附,在较低压力下解吸。变压吸附既然沿着吸附等温线进行,从静态吸附平衡来看,吸附等温线的斜率对它的影响很大。

吸附常常是在压力环境下进行的。变压吸附提出了加压和减压相结合的方法,它通常是由加压吸附、减压再组成的吸附—解吸系统。在等温的情况下,利用加压吸附和减压解吸组合成吸附操作循环过程。吸附剂对吸附质的吸附量随着压力的升高而增加,并随着压力的降低而减少,同时在减压(降至常压或抽真空)过程中,放出被吸附的气体,使吸附剂再生,外界不需要供给热量便可进行吸附剂的再生。因此,变压吸附既称等温吸附,又称无热再生吸附。

吸附分离的机理包括位阻效应、动力学效应和平衡效应。位阻分离是基于分子筛分特性,即能够扩散进入吸附剂的只有那些分子尺寸小于吸附剂孔径、具有适当形状的小分子,而其他较大尺寸的分子则被挡在外面;动力学分离是基于不同分子的扩散速率之差来实现的;平衡吸附则是通过混合气的吸附平衡来完成的。碳分子筛对甲烷/氮气混合体系的吸附分离主要是基于动力学效应来实现的,其分离过程示意如图 5-1 所示:

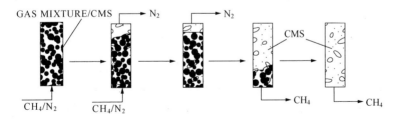

图 5-1　碳分子筛分离原理示意图

由于甲烷的吸附速度快于氮气,最后在逆向减压和真空减压过程中得到浓度较高的甲烷,而在吸附和顺向减压的过程中排放的是浓度较高的氮气。周而复始,不断通过压力的周期性变化最终实现煤层气中甲烷和氮气的分离。

5.3 碳分子筛分离气体的主要工艺

变压吸附分离气体的基本原理是利用混合中的各种组分在碳分子筛吸附剂上因压力不同而吸附性能的差异来选择性吸附进行分离。以采用碳分子筛进行空分制氮为例,碳分子筛吸附氧气及其他杂质,产出氮气。根据吸附分离的吸附和解吸压力的不同,通常可将常温变压吸附分离制氮工艺分成三种不同的工艺方式。

1. 常压解吸变压吸附制氮($PSA-N_2$)

空气变压吸附分离制氮流程为,一定压力($0.3\sim0.8MPa$)的压缩空气经空气预处理系统除去油、尘及大部分的汽态水分后,洁净空气进入 $PSA-N_2$ 系统吸附塔,洁净空气中大部分的氧气、二氧化碳、残余水分被吸附,氮气则被分离出来。当吸附塔内被吸附的杂质组分达到设定控制值时,通过常压脱附解吸,使该吸附塔的碳分子筛吸附剂再生。由两塔组成的吸附分离系统在 DCS 系统的控制下通过程控阀门的起闭而循环切换完成连续制氮,该制氮流程通常称为变压吸附常压解吸制氮流程($PSA-N_2$)。

2. 真空解吸变压吸附制氮($V\ PSA-N_2$)

经鼓风机鼓风输送低压的原料空气,净化除去粉尘后进入吸附塔,吸附塔为两塔或三塔体系,吸附塔产品气为氮气。空气中的氧气、二氧化碳、水蒸气被吸附达到设定控制值后,由于吸附压力较低,先通过常压解吸,再经过真空泵抽真空达到一定真空度,使吸附塔内碳分子筛吸附剂杂质彻底脱附再生。由两塔或三塔组成的吸附分离制氮系统在 PLC 或 DCS 系统的控制下,程控阀循环切换完成连续产氮,该流程通常称为真空解吸变压吸附制氮流程(V PSA-N$_2$)。

3. 真空解吸制氮(VSA-N$_2$)

经鼓风机鼓风输送低压的原料空气,净化除去粉尘后进入吸附塔,吸附塔为两塔或三塔体系,吸附塔产品气为氮气。空气中的氧气、二氧化碳、水蒸气被吸附达到设定控制值后,由于吸附压力较低,先经常压解吸,再经真空泵抽真空达到一定真空度进行真空解吸,彻底脱附再生吸附塔内碳分子筛杂质。由两塔或三塔组成的吸附分离制氮系统在PLC或DCS系统的控制下,程控阀循环切换完成连续产氮,该流程通常称为真空解吸制氮流程(VSA-N$_2$),其设备规模更大,经济性更强。

目前,采用碳分子筛变压吸附气体分离工艺在石油、化工、冶金、电子、国防、医疗、环境保护等方面得到了广泛的应用,与其他气体分离技术相比,变压吸附技术具有以下优点:

(1)低能耗。PSA工艺适应的压力范围较广,一些有压力的气源可以省去再次加压的能耗。PSA在常温下操作,可以省去加热或冷却的能耗。

(2)产品纯度高且可灵活调节。如PSA制氢,产品纯度可达99.999%,并可根据工艺条件的变化,在较大范围内随意调节产品氢的纯度。

(3)工艺流程简单,可实现多种气体的分离,对水、硫化物、氨、烃类等杂质有较强的承受能力,无需复杂的预处理工序。

(4)装置由计算机控制,自动化程度高,操作方便,每班只需稍加巡视即可,装置可以实现全自动操作。开停车简单迅速,通常开车0.5h左右就可得到合格产品,数分钟就可完成停车。

(5)装置调节能力强,操作弹性大。PSA装置稍加调节就可以改变生产负荷,而且在不同负荷下生产时产品质量可以保持不变,仅回收率稍有变化。变压吸附装置对原料气中杂质含量和压力等条件改变也有很强的适应能力，调节范围很宽。

（6）投资小，操作费用低，维护简单，检修时间少，开工率高。

（7）碳分子筛吸附剂使用周期长。一般可以使用十年以上。

（8）装置可靠性高。变压吸附装置通常只有程序控制阀是运动部件，而目前国内外的程序控制阀经过多年研究改进后，使用寿命长，故障率极低，装置可靠性很高，而且由于计算机专家诊断系统的开发应用，具有故障自动诊断，吸附塔自动切换等功能，使装置的可靠性进一步提高。

（9）环境效益好。除因原料气的特性外，PSA装置的运行不会造成新的环境污染，几乎无"三废"产生。

5.4　碳分子筛的制备技术

制备碳分子筛的原料非常广泛，有天然产物或高分子聚合物，具体可分为三类：①各种煤及煤基衍生物；②有机高分子聚合物，如萨兰树脂、酚醛树脂；③植物类，主要是利用植物的坚果壳或核，如核桃壳、杏核、椰壳等。原料选择一般以低灰分产率、高含碳量以及尽可能低的挥发分为最佳。较好的原料主要是煤(褐煤、长焰煤、烟煤、无烟煤)、木材、果壳。近来国内亦有以石油残渣、石油沥青、石油焦、苹果渣为原料的报道。

碳分子筛的制备方法因不同原料以及不同的气体分离体系而有所差异，常规制备方法一般包括四个步骤：①含碳材料粉碎、预处理、加粘结剂成型、干燥；②成型物在惰性气氛下炭化；③活化；④调孔。孔径分布是碳分子筛进行分离气体的重要因素，为了达到对特定的吸附质有较强的吸附作用，因而调孔是制备的关键步骤。

碳分子筛的制备通用流程如图5-2所示：

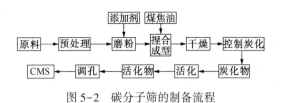

图 5-2 碳分子筛的制备流程

碳分子筛的常规制备方法具体可分为以下几种,炭化法、炭化活化组合法、炭化或活化与碳沉积组合法、热收缩法、等离子体法以及卤化法等。

5.4.1 炭化法

炭化是在惰性气体条件下加热原料,使其挥发性物质即小分子从碳质基体中的分子孔道逃逸,形成孔隙并且增加表面积的过程。采用单一的炭化法制备碳分子筛,其工艺简单、成本较低。但对原料要求较高,国外主要采用效果较好的树脂,国内主要为果壳类的高挥发分物质,如杏核壳、山枣核、椰子壳、桃核壳、山楂核等。

影响炭化过程的主要因素是升温速率、炭化温度与恒温时间。采用的升温速率一般在 $5\sim15℃/min$,炭化温度多在 $600\sim1000℃$,恒温时间为 $0.5\sim2h$。一般而言,单一炭化法制备的碳分子筛孔径范围较宽,在 $3\sim10Å$,其可用于气体分离,但如要提高分离效果,则需进行后续的活化或碳沉积工艺。

5.4.2 炭化活化组合法

炭化活化组合法是指在炭化的基础上,采用活化进一步增加碳分子筛表面积的方法。活化包括物理活化和化学活化过程。一般是在 $500\sim1000℃$,使碳质基体表面、边缘活泼的碳原子与氧化性气氛发生反应形成孔隙,或使封闭的孔得以打开,从而增大表面积,使其吸附容量增大。

活化介质一般为 CO_2 或空气,用量按 $0.1\sim3m^3/kg$ 产品控制,可制得碳分子筛产品,孔径宽度可控制在 $30Å$ 以内,最小可控制在 $10Å$ 以内。煤的炭化物具有分子筛的功能,但其吸附容量小，若用含有一氧化碳的二氧化碳气体活化，就能改善分子筛的性能。炭化活化组合法制备的碳分子筛，其孔径范围一般较宽，需进行后续的碳沉积工艺来缩小孔径，因而使用较少，使用最多的是炭化或活化与碳沉积组合法。

5.4.3 炭化或活化与碳沉积组合法

炭化或活化与碳沉积组合法是指炭化后经活化或是直接碳沉积的过程。该方法中，活化因原料不同而有所选择，如是像褐煤、椰子壳等高挥发性含碳原料则不需活化；相反，无烟煤、石油焦等低挥发性含碳原料则需活化。活化过程对后续调孔显得特别重要，如果活化出的孔径过大则不利于进一步的碳沉积调孔，过小则在炭沉积的过程中会将小孔堵死，所以控制好活化工艺条件才能够制备出适当的孔径，有利于进一步的碳沉积缩孔。碳沉积则是制备碳分子筛的关键步骤。

碳沉积是指在高温下通过烃类或高分子化合物的裂解，在多孔材料的孔道内积碳，以达到堵孔、调孔的作用。其工艺复杂、操作条件严格、实际生产成本较高。碳沉积常分为气相(CVD)与液相沉积(LVD)。对于气相沉积过程，气体在反应炉中的浓度较均一，能有效的控制孔径，但不足是需外加沉积气源发生装置，还需调节流量，不利于操作；液相沉积对工艺要求较低，操作较容易。

5.4.4 热缩聚法

热缩聚法又为热收缩法，是指碳质材料经炭化、活化后，在 1000~1200℃ 的高温条件下进一步热处理的过程，从而达到缩小孔径的目的。也有解释为把活性碳、焦碳或萨兰树脂等具有微孔的多孔状物质置于惰性气氛中，加热到 1200~1800℃ 使其细孔收缩而制得碳分子筛。查庆芳以石油焦(石油炼制所得副产品)为原料，经粉碎、炭化、活化(活化剂为氢氧化钾)、热缩聚，制备具有比表面积大，孔径分布均匀，以碳为骨架的纳米孔(2~50nm 占 80% 以上)的碳分子筛。该工艺操作简单易行，产品性价比合理，有利于广泛应用。

5.4.5 其他方法

等离子体法：等离子体是由大量正负带电粒子和中性粒子组成的，并表现出集体行为的一种准中性气体。通常在 13.56MHz 的高频下及 1Torr(133Pa) 真空条件下，以铜为电极，气态炭化物如甲苯、正己烷、木馏油等经裂解后即可产生等离子体，产生的粒子高速运动，在碳质材料表面相互碰撞、聚合而形成致密的薄膜，对碳材料能起到很好的改性作用。目前还很难认为等离子体高速运动能够渗入颗粒碳内而部分填充微孔。

卤化法：卤化是指碳质材料经卤素分子卤化、再脱卤而达到调节孔径的过程。由于卤化工艺操作相对较复杂，加上卤素分子的毒性，目前国内外对其研究较少。

5.4.6 碳分子筛制备中存在的不足

目前，在碳分子筛的工业化生产中，主要存在以下不足：

(1) 产品孔径主要适合用于空分制氮，应用范围受到限制；产品强度差，不能满足实际生产中长周期运转的要求。

(2) 粒状碳分子筛只能以装填方式使用，无法改变其自身形状而适合不同的市场和工业需求。粒状碳分子筛在使用中有较大的阻力降，在微量的水分存在时会造成颗粒破碎，颗粒的破碎会进一步加大操作阻力，而使原有的系统无法正常运行。

(3) 工业生产中一般为间歇式生产，工艺复杂、生产能力小、能耗大、操作条件苛刻，还必须采用复杂设备处理物料脱出的挥发物，否则会造成环境污染。

(4) 对采用气态烃裂解碳沉积调孔的工艺，需外加气态烃调孔剂；对采用浸渍法碳沉积调孔的工艺，因大量消耗浸渍液，存在污染环境和易燃易爆等问题。

5.5 碳分子筛的生产现状

目前，碳分子筛的生产公司主要集中在日本、德国、美国和中国等少数国家，2011年全球总产能为17530t。德国BF公司已经有了几十年的生产历史，目前年产能在2000t左右。紧随其后，日本也掌握了该项技术，公司主要有日本Kuraray（岩谷）化学品公司和日本Takeda（武田）化学工业公司。美国主要有Calgon炭素公司和普莱克斯公司。他们的详细生产制造工艺没有公开报道，只有德国BF公司在专利中对空分制氮、制氢用碳分子筛的生产工艺进行了简单介绍。

我国初期的碳分子筛工业化制备技术是以无烟煤和烟煤为原料，分别由上海化工研究院和吉林石油化工设计院开发成功，在80年代中后期，分别由浙江长兴和吉林长春化工厂投入工业化生产。当时产品质量和国外还有很大的差距，但近年来发展迅速，通过煤炭科学研究总院、大连理工大学、重庆大学等研究机构的不断努力，对原料和制备生产工艺不断改进，质量得到了迅速提高，尤其空分用碳分子筛产能、耐磨强度、堆密度、提浓效果均达到了国际水准。中科院山西煤化所以煤基腐殖酸为原料，发明的色谱固定相用碳分子筛，也已经获得国家专利，并实现了工业化生产。煤炭科学研究总院开发出了用于煤层气中甲烷/氮气分离的碳分子筛，已经获得专利并完成中试放大实验，在阳泉抽放现场应用于变压吸附装置，提浓效果显著。目前国内碳分子筛总产能达6530t，已经成为了全球主要生产国家之一。

国内生产公司众多，但规模普遍较小，大部分企业生产规模均在200~300t/a左右，主要分布在长兴、宣城、广德等地。据调研，生产公司有长兴县海华化工有限公司、长兴中泰分子筛有限公司、长兴科博分子筛有限公司、长兴山立化工材料科技有限公司、长兴金龙碳分子筛有限公司、威海华泰分子筛有限公司、广德原昊分子筛有限公司、广德世博合成碳分子筛有限公司、天津恒元分子筛有限公司、上海沸石分子筛有限公司、湖州荣盛化工厂、湖南湘格新材料有限公司、大连海鑫化工有限公司、浙江湖州新奥利吸附材料有限公司、湖州和孚恒昌变压吸附材料厂、郑州鑫益达科技有限公司、湖州民强炭业有限公司、盐城市久田碳分子筛厂、济源市丰宝碳材料有限公司、廊坊亚太龙兴化工有限公司等。

5.5.1 国内生产厂家及规模

据调研,2014年国内碳分子筛生产厂家及生产规模统计数据如表5-1所示。

表5-1 2014年国内碳分子筛生产厂家及生产规模

公司名称	生产规模/(t/a)
长兴县海华化工有限公司	500
长兴中泰分子筛有限公司	500
长兴科博分子筛有限公司	300
长兴山立化工材料科技有限公司	300
长兴金龙碳分子筛有限公司	450
威海华泰分子筛有限公司	300
广德原昊分子筛有限公司	450
广德世博合成碳分子筛有限公司	150
天津恒元分子筛有限公司	150
上海沸石分子筛有限公司	150
湖州荣盛化工厂	400
湖南湘格新材料有限公司	500
大连海鑫化工有限公司	200
浙江湖州新奥利吸附材料有限公司	400
湖州和孚恒昌变压吸附材料厂	500
郑州鑫益达科技有限公司	400
湖州民强炭业有限公司	280

续表

公司名称	生产规模/(t/a)
盐城市久田碳分子筛厂	150
济源市丰宝碳材料有限公司	150
廊坊亚太龙兴化工有限公司	300
孟州市济宝碳分子筛有限公司	300
合　计	6530

5.5.2　国外生产厂家及规模

据调研，国外碳分子筛生产厂家及生产规模如表5-2所示。

表5-2　2014年国外碳分子筛生产厂家及生产规模

公司名称	国别	生产规模/(t/a)
日本岩谷公司	日本	3000
日本武田公司	日本	2500
德国BF公司	德国	2000
美国Calgon公司	美国	1000
美国普莱克斯公司	美国	1500
其他		1000
合　计		11000

5.5.3　国内外产量走势分析

2004~2010年碳分子筛全球产量统计如表5-3所示。

表5-3　2004~2010年碳分子筛全球产量统计

	2004年	2005年	2006年	2007年	2008年	2009年	2010年
全球产量/t	6700	7500	8100	8050	8600	9650	10340
我国产量/t	1400	1450	2000	2100	2750	3000	3591

2004~2015年碳分子筛全球产量走势如图5-3所示。

从图中可以看出，近年来，碳分子筛的全球产量在不断增加，同时我国生产的碳分子筛所占比重增加明显。

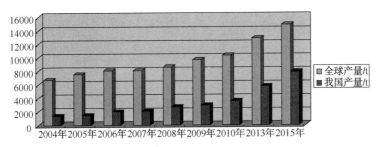

图 5-3　2004~2015 年碳分子筛全球产量走势

5.6　碳分子筛的应用现状

碳分子筛是一种吸附性能优良的碳质吸附剂,目前已在食品卫生、医疗、催化、空分制氮、焦炉煤气中氢气的回收等方面得到广泛的应用。尤其作为变压吸附工艺的吸附剂,在气体分离领域发展较快,碳分子筛具体应用在以下几个方面。

1. 碳分子筛分离空气

空气分离的原理在于氧气和氮气在碳分子筛微孔内的扩散速度的不同而实现分离。氧气扩散速度比氮气快,因而在短时间内主要是氧气被吸附,而相对扩散较慢的氮气就可以优先排出,从而实现富集。空分制氮通常采用变压吸附装置,分子筛装于变压吸附装置中的吸附塔中,当压缩空气进入吸附塔时,随着吸附压力的不断增加,氧气和氮气由于扩散速度的不同,吸附开始后短时间内,氧气的吸附速率大大超过氮气的吸附速率,因此通过吸附-解吸往复变换操作就可以实现高浓度的氮气连续产出。目前,使用碳分子筛已制得纯度为 99%~99.99% 的氮气,该技术能耗小、工艺流程简单、设备投资少,具有较高的经济性,已经在工业上大量应用。

2. 碳分子筛分离煤层气

我国矿井抽采的低浓度煤层气,一直以来由于没有很好的利用途径,大部分直接排空,造成了巨大的能源浪费,据统计，我国每年排放的煤层气中含甲烷高达 $60×10^8 m^3$，浪费资源量巨大。甲烷是重要的碳一化工合成原料和清洁能源，为了提纯利用其中的甲烷，近年来，国内外学者进行了较多的研究。研究发现类似于空气中氮气/氧气的分离，采用碳分子筛吸附剂，应用变压吸附工艺，是提纯低浓度煤层气中甲烷的可行方法。煤层气的主要成分是甲烷、氮气和氧气，经过脱氧、除水、除尘等预处理以后，变压吸附装置利用碳分子筛对甲烷、氮气吸附速率的不同，就可以实现甲烷的富集与提浓。据报道，经过二级或三级提浓，煤层气浓度可以提高到90%以上，满足后期加工成压缩天然气(CNG或LNG)的需要。目前煤炭科学研究总院已经开发出针对煤层气中甲烷/氮气分离的碳分子筛，并且在阳泉地区进行了工业应用。

3. 碳分子筛回收、精制氢气

由于氢气是重要的清洁能源，同时又是重要的化工合成原料气以及还原气体，为了回收利用氢气，目前正在大力开发从焦炉气、炼钢炉气、水煤气或氮分解气体中采用碳分子筛回收、精制氢气的技术。在这些气体中，碳分子筛对所含氢、氮、一氧化碳、甲烷、二氧化碳等气体的选择性吸附的顺序：$CO_2>CH_4>CO>N_2>O_2>H_2$，即氢气与其他气体相比较，其选择吸附性最差，最不易被吸附，所以能通过吸附除去其他气体的办法来回收氢气。

4. 碳分子筛用作气相色谱固定相

利用碳分子筛的吸附选择性，将碳分子筛作固定相应用于气相色谱和液相色谱分离，可以提高组分的分辨率，使多组分物质能更好的分离出来。对稀有气体、永久气体、气态低级烃等具有良好的分离性能。高级烃类的分离在色谱分析上获得了成功地应用。例如，正己烷与异辛烷的分离。

5. 用做催化剂的载体

正如活性炭和沸石分子筛可以作催化剂载体一样，碳分子筛也可以作催化剂载体。以碳分子筛作择形催化剂的载体是当前研究的热点之一,这一概念早在上世纪70年代初就已提出。

碳分子筛用作催化剂载体有如下优点:

(1)高的比表面积和孔隙率可以使得活性组分得到高度分散,反应热可以及时移走,减少缩聚和凝结。

(2)很强的耐酸碱性和耐温性能。

(3)孔径可以根据实际需要,通过选择合适的前驱体和制备工艺进行调整。

(4)可以根据实际情况调整其亲水、疏水性。

(5)可以通过燃烧载体将贵金属从废旧催化剂中回收。

(6)分子筛孔径均一,催化剂能在载体上均匀分散,并能发挥出较高的催化活性和选择性。

6. 其他应用

碳分子筛除了以上几种用途以外,由于其具有优越的吸附性能,还可以除去异臭味、矫正香气。表5-4是碳分子筛在这方面的应用实例。

表5-4 碳分子筛的应用实例

用　　途	特　　征
清除葡萄酒等酒类的臭气	除日光臭、异臭、陈酒的再生等
水果保鲜	除成熟激素,保持芳香成份
分离原子能反应堆稀有气体	吸附氡
香烟过滤嘴	除去薄荷醇等残留的焦油

根据市场数据分析,在全球范围,碳分子筛在各应用领域的消费比例依次是空气分离65%、氢气回收精制11%、食品等的保鲜储存9%、催化剂载体4%、其他11%。碳分子筛各应用领域年均增长率依次是空气分离9.1%、氢气回收精制8.4%、食品等的保鲜储存8.5%、催化剂载体9.2%、其他9.0%。2013年,全球碳分子筛的需求达到13377t,预测2015年将达到15883t。目前国产的碳分子筛有15%左右用于出口,主要出口到美国、欧洲等地。国内对部分高端需求依赖从日本和德国进口。

第六章 煤基活性炭的现状与发展趋势

活性炭孔隙结构发达、比表面积大、吸附能力强，被广泛应用于环保、化工、食品、医药、轻纺、冶金、电力、国防及日常生活领域。根据原料不同，活性炭可分为木质活性炭、果壳类活性炭(椰壳、杏核、核桃壳、橄榄壳等)、煤基活性炭和石油焦活性炭等。煤基活性炭以合适的煤种或配煤为原料，相对于木质和果壳活性炭原料来源更加广泛，价格也更为低廉，因而成为活性炭中的主要品种。近十几年来，随着生产技术的进步，煤基活性炭产品性能有了很大的改善和提高，并且随着工业技术的进步和我国森林资源的逐步减少，煤基活性炭将显示其更强的生命力，将是未来最有发展前途的一种活性炭产品。

6.1 国外煤基活性炭现状

自20世纪初投入工业生产以来，如今全世界约有50个国家生产活性炭，美国、日本、英国、德国、法国和俄罗斯等国家的生产技术处于领先水平。近20年来，随着世界各国对环境保护的逐渐重视，使得活性炭的生产和研究有了更快的发展。

6.1.1 国外煤基活性炭生产现状

随着世界工业的发展及环境保护要求的提高，世界范围内活性炭的生产量和消费量逐年增加。2009年，全世界活性炭总消耗量达到$83.3×10^4$t。据预测，到2018年，全世界活性炭消费量预计可达到$138.8×10^4$t，预计年增长率为8.3%。2009

第六章 煤基活性炭的现状与发展趋势

年国外主要活性炭生产国和地区活性炭生产能力见表 6-1。

表 6-1 2009 年国外主要活性炭生产国及地区活性炭年生产能力及供需一览表

序号	国家或地区	年生产能力/(10^4t/a)	产量/(10^4t/a)	进口/(10^4t/a)	出口/(10^4t/a)
1	美国	20.3	18.0	7.0	5.5
2	日本	10.22	10.88	8.43	0.68
3	西欧	8.8	6.2	12.3	4.0
4	总计	39.32	35.08	27.73	10.18

1. 美国

美国的活性炭公司都是相当大的联合企业，生产能力大，企业实力雄厚，有很强的市场竞争力。卡尔岗活性炭公司是美国及世界第一大活性炭公司，年生产能力超过 8×10^4t，约占美国活性炭总产量的 40%；第二大公司是诺瑞特美洲公司，年生产能力约 7.5×10^4t，约占美国活性炭总产量的 37%；第三是韦斯特维科公司，年生产能力约 5×10^4t，约占美国活性炭总产量的 23%。表 6-2 列出了美国几大活性炭生产企业的产量、生产原料、所采用的工艺、主要产品以及应用领域。

表 6-2 美国活性炭生产企业具体情况表

公司	2009 年产量/10^4t	原料	工艺	产品种类	商标	主要应用领域
Calgon	8.2	烟煤 木炭	物理活化	压块炭 粉炭	FILTRASORB CENTAUR FLUEPAC	水处理 糖脱色 煤气脱 H_2S
Norit	7.5	褐煤 烟煤 次烟煤 木材 泥炭	物理活化 化学活化	粉炭 颗粒炭	HYDRODARCO DARCO NORIT	糖脱色 水处理 医药 煤气脱 H_2S

97

续表

公司	2009年产量/10^4t	原料	工艺	产品种类	商标	主要应用领域
Mead Westvaco	4.6	锯木屑	物理活化 化学活化	压块炭 粉炭	Nuchar	汽车工业 化工净化 粉糖精制 医药 食品
合计	20.3					

2. 日本

日本主要活性炭生产企业如卡尔岗三菱化学株式会社、武田药品工业株式会社及二村化学工业株式会社都拥有 $1×10^4$ t 以上的生产能力，主要生产高质量、高档次的活性炭产品。具体情况见表6-3。

表6-3 日本活性炭生产企业具体情况表

公司	2009年生产能力/10^4t	原料	产品种类	商标
Futamura Chemical Minokamo	3.0	椰壳 木炭	颗粒炭 粉炭	Taiko
Japan EnviroChemicals	2.40	锯木屑 椰壳 煤	粉炭 颗粒炭 压块炭	Shirasagi
Kuraray	2.25	煤 椰壳	颗粒炭 粉炭	Kuraray Coal
其他	2.57			
合计	10.22			

3. 西欧

西欧地区主要有五大活性炭生产企业，2009年活性炭生产能力达到 $8.8×10^4$ t，进口活性炭 $12.3×10^4$ t，出口活性炭 $4.0×10^4$ t。其中最大的Norit公司年生产能力为 $4.6×10^4$ t，占西欧整个活性炭产量的52%。具体情况如表6-4所示。

表 6-4　西欧活性炭生产企业具体情况表

公司	2009年生产能力/10^4t	原料	工艺	产品种类
NORIT	4.6	泥炭 锯木屑	物理活化 化学活化	压块炭 颗粒炭 粉炭
CECA SA	1.5	木材 锯木屑	物理活化 化学活化	颗粒炭 粉炭 压块炭
PICA S. A.	1.2	椰壳 木材	化学活化	颗粒炭 粉炭
CarboTech	1.0	煤	物理活化	颗粒炭 粉炭 压块炭
其他	0.5			
合计	8.8			

6.1.2　国外煤基活性炭市场现状

由于活性炭属于资源消耗型和劳动密集型产品,所以发达国家的活性炭生产成本较高,主要供自己国内使用。同时由于环保、资源等方面的原因,生产成本逐年上升,在国际市场上竞争力逐渐下降,工业发达国家活性炭市场销售价格见表 6-5。

表 6-5　2009 国外工业发达国家及地区活性炭市场价格

国家或地区	粉炭/(美元/kg)	颗粒炭/(美元/kg)
美国	0.66~5.07	1.10~6.61
西欧	1.22~6.46	1.85~6.15
日本	3.93	4.41

1. 美国

美国是目前世界上最大的活性炭生产国和消费国之一。美国活性炭市场作为目前世界上最成熟的市场,自 20 世纪 90 年代末至今的市场消费情况是,除某些特定用途的品种外,其他绝大部分活性炭品种，无论是低、中、高各个档次，都已基本趋于成熟饱和状态。近几年美国活性炭生产变化幅度不大，主要原因是其再生活性炭产量有了很大增长，但在未来五年，其需求量仍以每年 2%~2.5% 的增长率上升。因此，未来几年，美国都需要从中国、东南亚一带进口大量低价活性炭，以满足这些需求。

美国活性炭进口市场对我国活性炭产业具有十分重要的地位，从上世纪 80 年代末至今，我国一直是美国第一活性炭进口来源国，主要输出中、低档活性炭品种。

美国活性炭主要应用领域、使用数量及未来几年需求增长速度见表 6-6。除表中所列的活性炭应用领域外，由于 2005 年 3 月美国环保总署(EPA)制订联邦法规永久减少燃煤电厂和水泥厂汞排放，美国燃煤电厂控制汞排放用粉状活性炭将是活性炭新的市场增长点，美国从 2005 年开始控制和削减燃煤电厂汞排放量的 70%，成为世界上第一个控制燃煤电厂汞排放的国家。在控制汞排放的方法中，活性炭吸附法是最有效的方法之一。预计在未来五年，美国的活性炭消耗量增长速度将超过 25%；预计到 2018 年，美国用于减少汞排放所需的粉状活性炭将达到 42×10^4 t。同时，2005 年 12 月，美国环保总署制订了有关进一步改善和保护饮用水的相关规定，这将进一步推动未来几年美国在颗粒活性炭方面的需求。

表 6-6　美国活性炭应用领域和数量　　　　　　10^4 t

应用领域	2002 年			2005 年			2009 年			2009~2014 年增长率/%
	颗粒炭	粉状炭	合计	颗粒炭	粉状炭	合计	颗粒炭	粉状炭	合计	
液相										
饮用水	2.1	2.5	4.6	2.4	2.5	4.9	2.6	2.4	5.0	10~11
工业废水	0.9	1.3	2.2	0.9	1.4	2.3	0.9	1.4	2.3	2~3
生活废水	0.1	0.4	0.5	0.1	0.4	0.5	0.1	0.3	0.4	2
糖脱色	0.5	0.8	1.3	0.5	0.7	1.2	0.5	0.7	1.2	1~2

续表

应用领域	2002年			2005年			2009年			2009~2014年增长率/%
	颗粒炭	粉状炭	合计	颗粒炭	粉状炭	合计	颗粒炭	粉状炭	合计	
地下水	0.7	0.3	1.0	0.7	0.3	1.0	0.7	0.3	1.0	1~2
家庭应用	0.3	0.5	0.8	0.3	0.4	0.7	0.3	0.4	0.7	2~3
食品饮料及油	0.1	0.5	0.6	0.1	0.6	0.7	0.1	0.6	0.7	2~3
采矿	0.4	0.1	0.5	0.4	0.1	0.5	0.3	0.1	0.4	-2~0
制药	0.2	0.2	0.4	0.1	0.2	0.3	0.1	0.2	0.3	0~1
干洗	0.1	<0.1	0.1	0.1	<0.1	0.1	0.1	<0.1	0.1	0
电镀	<0.1	<0.1	0.1	<0.1	<0.1	0.1	<0.1	<0.1	1	0
化工及其他	0.3	0.2	0.5	0.3	0.2	0.5	0.3	0.2	0.5	2
合计	5.7	6.9	12.6	5.9	6.8	12.7	6.0	6.7	12.7	5.8
气相										
气体净化	0.8	0.6	1.4	0.9	0.6	1.5	0.9	4.1	5.0	65.4~66.4
汽车	0.7		0.7	0.7		0.7	0.4	—	0.4	1~2
溶剂回收	0.4		0.4	0.4		0.4	0.4		0.4	1
香烟	0.3		0.3	0.2		0.2	0.2	—	0.2	0
其他	0.5	0.1	0.6	0.6	0.1	0.7	0.7	0.1	0.8	2
合计	2.7	0.7	3.4	2.8	0.7	3.5	2.6	4.2	6.8	46.3
总计	8.4	7.6	16.0	8.7	7.5	16.2	8.6	10.9	19.5	26.2

2. 日本

日本是世界活性炭使用第二大国。我国在日本活性炭进口市场中占绝对主导地位，日本已成为我国第一活性炭出口目的地。2009年，日本活性炭年生产能力为 $10.22 \times 10^4 t$，进口活性炭 $8.43 \times 10^4 t$，出口活性炭 $0.68 \times 10^4 t$。

2009年日本颗粒活性炭（GAC）的产量占活性炭总产量的60%以上，消耗量为 $7.4 \times 10^4 t$。表6-7列出了日本近20年GAC的主要应用领域及消耗量。从表中可以看出，2009年，日本68%的GAC被用于液相吸附如水处理、化工、食品等领域，32%的GAC被用于气相吸附，气相吸附主要包括气体吸附、溶剂回收和催化剂。其中水处理所占的比重最大，约为57%，其次为气体吸附，约为30%。日本的粉状活性炭（PAC）主要用于液相吸附，其主要应用领域及数量见表6-8。从表中可以看出，2001～2009年日本粉炭消耗量在$(3.1～3.6)\times10^4$t之间波动，2009年，约44%的PAC被用于水处理，16%的PAC被用于化工生产。

日本也是活性炭主要进口国，进口数量逐年增加。进入20世纪90年代以后，日本从国外进口活性炭数量急剧增加，自2003年以来，日本进口活性炭数量已超过8×10^4t。2009年进口量达到8.43×10^4t，比2002年进口量增加19%，其近五年活性炭进口量的增长主要是由于从中国进口的活性炭数量增加而引起的。2003年日本从中国进口活性炭数量占日本进口活性炭总量的55%，2006年这个比例为63%，2009年为69%。

表6-7　日本颗粒活性炭应用领域和数量　　　　10^4t

年份	水处理	气体吸附	化学工业	溶剂回收	食品	催化	其他	合计
2000	3.53	1.97	0.19	0.14	0.07	0.06	0.28	6.24
2001	3.66	1.99	0.16	0.13	0.06	0.04	0.30	6.33
2002	3.89	2.08	0.22	0.11	0.08	0.05	0.36	6.80
2003	4.46	2.07	0.25	0.10	0.08	0.05	0.36	7.37
2004	4.21	2.04	0.23	0.10	0.10	0.06	0.32	7.06
2005	4.19	1.94	0.21	0.10	0.09	0.06	0.31	6.90
2006	4.50	2.59	0.23	0.13	0.12	0.07	0.35	7.98
2007	4.46	2.32	0.22	0.09	0.14	0.15	0.39	7.75
2008	3.91	2.24	0.27	0.13	0.10	0.06	0.35	7.06
2009	4.24	2.23	0.27	0.13	0.10	0.06	0.38	7.40
2014	4.27	2.43	0.32	0.12	0.08	0.06	0.46	7.80
平均年增长率/%								
2009～2014	0.2	1.8	3.4	-2.2	6.5	-0.9	3.7	1.0

表6-8 日本粉状活性炭应用领域和数量 单位：10^4 t

年份	水处理	气体吸附	化学工业	谷氨酸精制	葡萄糖生产	制药	饮料净化	糖精制	食用油	其他	合计
2000	0.80	0.37	0.96	0.20	0.11	0.09	0.17	0.10		0.05	2.84
2001	1.11	0.48	0.92	0.23	0.13	0.09	0.19	0.10		0.04	3.28
2002	1.12	0.67	0.83	0.21	0.14	0.10	0.18	0.09		0.06	3.40
2003	0.91	0.75	0.79	0.20	0.13	0.11	0.11	0.06		0.08	3.13
2004	1.38	0.73	0.75	0.19	0.13	0.10	0.09	0.05		0.15	3.57
2005	1.32	0.75	0.76	0.13	0.13	0.10	0.09	0.04		0.10	3.42
2006	1.50	0.81	0.74	0.13	0.08	0.10	0.10	0.03		0.10	3.56
2007	1.58	0.75	0.59	0.11	0.10	0.12	0.07	0.03		0.14	3.49
2008	1.50	0.70	0.52	0.12	0.11	0.10	0.08	0.03		0.15	3.31
2009	1.37	0.70	0.50	0.12	0.11	0.10	0.08	0.03		0.15	3.15
2014	1.38	0.67	0.45	0.11	0.05	0.10	0.06	0.02		0.15	3.00
平均年增长率/%											
2009~2014	0.2	-1.0	-2.1	-1.3	-12.1	0.8	-4.9	-8.4		0.5	-0.9

3. 西欧

我国活性炭出口的三大地区除东亚、美国之外，欧洲市场也是我国传统的活性炭出口目的地。2009年西欧各国活性炭消耗量为$14.9×10^4$ t，主要消费国是德国、法国、意大利、英国和西班牙等，西欧各国活性炭应用领域和数量如表6-9所示。西欧各国活性炭总消耗量1990~1995年期间年平均增长率为0.5%，1995~1998年期间年平均增长率接近0.9%，2003~2009年期间年平均增长率达到7.3%，其中颗粒活性炭增长较快，粉状活性炭增长速度趋缓。西欧各国2009年从国外进口活性炭约$12.3×10^4$ t，出口活性炭$4×10^4$ t。主要进口国是中国，其次是菲律宾和斯里兰卡，出口国主要是东欧及远东国家。未来五年西欧活性炭需求年增长率为2.5%~3.0%。

表6-9 2009年西欧活性炭应用领域和数量

应用领域	数量/10^4t	市场份额/%
食品工业	5.2	35
化工/制药工业	3.5	23
水处理	3.4	23
气体处理	2.8	19
合计	14.9	100

6.2 国内煤基活性炭现状

6.2.1 国内煤基活性炭生产现状

我国活性炭工业生产起步于20世纪50年代，改革开放后开始高速发展，如今已经成为世界最大的煤基活性炭生产国。煤基活性炭产量占我国活性炭总产量的70%以上，是我国的主要活性炭品种。经济的不断发展和人民生活水平的逐步提高使得活性炭的应用越来越受到人们的重视，特别是近年来随着环保力度的不断加大，我国活性炭需求量不断增长，出口量也逐年上升。

我国活性炭生产企业已由80年代初的几十家增加到目前的300余家，总生产能力达到50×10^4t，活性炭品种几十个，牌号达100多种。其中煤基活性炭生产企业100多家，相应的我国活性炭年总产量也由当时约1×10^4t增加到2014年的35×10^4t，其中煤基活性炭产量约25×10^4t。

1. 国内活性炭工业生产的特点

自20世纪80年代中期开始，我国活性炭工业经过20余年的快速发展，目前已基本形成了独立、完整、初具规模的工业体系。目前我国活性炭工业生产有如下特点：

（1）工业布局：煤基活性炭生产主要集中在山西和宁夏地区，目前两大基地的煤基活性炭产量占全国煤基活性炭产量的

90%左右；果壳活性炭生产以河北省为主；木质活性炭生产主要集中在福建、江西、浙江南部及东北地区。

（2）原料：以木质原料生产的活性炭所占比重逐渐下降，以煤为原料生产的活性炭所占比重呈上升趋势。木质活性炭所占比重从20世纪70年代占我国活性炭总产量的80%下降到20世纪90年代的不足30%，同期煤基活性炭占我国活性炭总产量的比率从15%上升到70%，而且这种趋势至今一直没有改变。煤基活性炭是我国目前产量最大的活性炭产品。

（3）产品用途：活性炭的应用范围从20世纪70年代集中于食品、医药、军事、化工等行业，扩展到目前大量应用于水处理、环境保护及其他工业行业，基本上在国民经济的各个领域均有应用。

（4）产品特点：活性炭产品向高档次方向发展，质量越来越高，不少厂家积极开发技术含量高的活性炭新产品，以新产品开发带动企业发展，我国活性炭工业发展呈现产量越来越大，质量越来越高，品种越来越多的趋势。

2. 国内煤基活性炭主要产地

我国煤基活性炭生产用原料煤主要分布在山西和宁夏，因此在山西和宁夏形成了我国两个最大的煤基活性炭生产基地。

目前，这两个基地的煤基活性炭产量占全国煤基活性炭产量的90%左右。在山西，活性炭生产主要集中在大同和太原周边地区，主要以大同烟煤为原料，采用物理活化法，生产原煤破碎活性炭、压块破碎活性炭和粉状活性炭等，产品主要用于水处理和各种液体净化等。目前已有活性炭生产企业50多家，其中合资厂3家，形成超过10×10^4t/a的活性炭生产能力，2009年实际生产各种活性炭约13×10^4t。宁夏回族自治区活性炭的生产主要集中在宁夏北部，主要以太西无烟煤为原料，采用物理活化法，生产柱状活性炭，产品主要用于气体净化和水净化。目前已建成活性炭生产企业50多家，其中合资厂2家，形成近15×10^4t/a的生产能力，2009年实际生产活性炭约

$12×10^4$t。山西、宁夏主要活性炭生产厂生产情况及技术水平如表6-10所示。此外,河南有约10家煤基活性炭生产企业,主要生产用于煤气中H_2S脱除的活性炭,生产能力约$0.7×10^4$t/a。

表6-10 山西、宁夏地区主要煤基活性炭生产企业产能及技术水平一览表

地区	名称	生产能力/(10^4t/a)	技术水平
宁夏	宁夏天福活性炭有限公司	0.4	国产设备
	石嘴山西源煤业有限公司	0.5	国产设备
	宁夏恒辉活性炭有限公司	0.4	国产设备
	核工业宁夏活性炭厂	0.5	国产设备
	宁夏华辉活性炭股份有限公司	2.5	国产设备
	神华宁煤活性炭有限责任公司	0.6	进口设备
	宁夏蓝白黑活性炭有限公司	1.0	国产设备
	宁夏广华奇思活性炭有限公司	1.0	国产设备
	宁夏宝塔活性炭有限公司	1.0	国产设备
	宁夏绿源恒活性炭有限公司	0.6	国产设备
山西	山西新华化工有限责任公司	3.0	部分进口
	大同惠宝活性炭有限责任公司	1.2	国产设备
	大同卡尔冈炭素有限公司	6.0(生产压块炭半成品)	进口设备
	大同华青活性炭厂	1.0	进口设备
	大同丰华活性炭公司	0.8	部分进口
	山西玄中化工实业有限公司	1.0	部分进口
	山西左云云鹏煤化公司	0.5	国产设备
	山西怀仁环宇净化材料有限公司	1.0	国产设备
	大同光华活性炭有限公司	1.0	国产设备

3. 国内煤基活性炭生产技术

我国活性炭企业生产设备和工艺技术相比美国、日本等国家还比较落后,但我国拥有优质的原料煤,因此依靠原料煤的优势,我国的煤基活性炭产品凭借价格优势畅销国际市场。我

国煤基活性炭生产技术的发展，主要经历了单种煤生产活性炭、配煤生产活性炭及催化活化生产活性炭三个阶段。

单种煤生产活性炭是我国最早采用的一种工艺，这种工艺至今仍被大部分活性炭厂采用。但是，受落后工艺限制，产品性能很难大幅度提高。

为弥补单种煤生产活性炭时产品性能上的缺陷，近年来研究开发了配煤生产技术。采用这种工艺，把性质不同的煤，按一定比例混配后生产活性炭，可在一定范围内改善、提高产品性能。目前，已有许多活性炭生产企业采用这种新工艺。

为了生产某些具有特殊吸附性能的高档优质活性炭，在物料的炭化、活化过程中加入催化剂，改变活化成孔机理，提高产品吸附性能，这种方法称为催化活化法。目前，这一工艺正在国内推广。

在活性炭生产用原料煤处理方面，我国正在研究开发煤的深度脱灰技术、新型成型技术。原煤经过特殊洗选处理后灰分可降到2%以下，以这种超低灰煤为原料，可生产出性能优异、杂质含量低、用途广泛的高附加值活性炭产品。采用新型成型技术也可以生产出多种性能优异的活性炭新产品。

随着配煤技术、催化活化技术、原料煤处理技术及新型成型技术在我国活性炭生产的广泛推广和应用，使得我国活性炭产品正在向着质量越来越好、品种越来越多的方向发展，以满足国内外不同用户的需求。

4. 国内煤基活性炭生产设备

目前我国煤基活性炭生产采用的设备主要是20世纪50年代从前苏联引进的斯列普炉。后经多次改进，炉体性能有很大提升。斯列普炉具有投资低、调整产品性能方便等特点，在国内煤基活性炭生产企业得到广泛应用。

20世纪80年代初，我国从英国引进了斯特克炉，用于生产原煤破碎活性炭，并在大同地区的部分活性炭厂推广应用。但由于这种炉型生产的活性炭品质差，因此，目前大同地区的活性炭厂仍以斯列普炉为主。

近年来,随着国内活性炭生产规模的不断扩大,上述两种炉型因规模小、自动化程度低和产品质量不稳定等原因,已满足不了煤基活性炭生产发展的需要。国内活性炭生产企业已开始从美国引进生产能力大、自动化程度高、产品性能好且稳定的耙式炉(多膛炉),建设年产量超万吨的大型煤基活性炭企业。

6.2.2 国内煤基活性炭市场现状

自20世纪90年代中期,我国已成为世界上最大的活性炭出口国。进入21世纪,特别是最近几年,我国活性炭出口量,尤其是煤基活性炭出口量一直以较快的速度增长,到2007年活性炭出口量已超过$25 \times 10^4 t$,其中煤基活性炭出口量近$20 \times 10^4 t$,远远超过其他活性炭出口国。分析认为,我国活性炭出口持续增长的原因主要是:

(1)我国庞大的活性炭生产能力为大量的出口提供了充分条件,我国已拥有基本独立和完整的活性炭工业体系,我国已经成为世界最大的活性炭生产国。

(2)由于环境保护法律的日益严格以及生产成本的不断上升,发达国家活性炭的生产逐步减少,但其市场需求仍稳步增长。

(3)丰富的原料资源优势。我国煤炭资源丰富,品种齐全,而且有些煤炭种类是世界独有的优质煤基活性炭生产用原料煤。

(4)价格优势。多年来,我国活性炭主要出口到日本、美国、韩国、欧洲和其他一些发达国家和地区,我国在这几个地区的活性炭进口市场占绝对主导地位。

中国活性炭产品目前主要以出口为主,出口量占年生产量的70%以上。我国从20世纪70年代末少量出口活性炭产品以来,活性炭出口一直呈逐年增加趋势。2007年达到高峰,2008

年受金融危机影响,出口开始出现小幅回落,2010年又开始反弹(表6-11)。从表中可以看出,2000年,我国出口活性炭 $11.9×10^4$ t,大约是1995年活性炭出口量的3倍;2005年活性炭出口量达到 $21.8×10^4$ t,大约是2000年活性炭出口量的2倍;到2007年,我国活性炭出口量达到最高峰,为 $26.3×10^4$ t,创产值2.0亿美元;2008年和2009年我国活性炭出口量分别为 $25.0×10^4$ t 和 $19.6×10^4$ t,比2007年分别下降了5%和25%,这主要是受世界金融危机的影响;近几年,我国活性炭出口量又开始反弹,2013年出口达到 $24.8×10^4$ t。表6-12列出了2013年中国主要活性炭出口地区的出口量及成交金额。

表6-11 我国历年活性炭出口量统计表

年份/年	1995	2000	2002	2005	2006	2007	2008	2009	2010	2011	2012	2013
出口量/10^4 t	3.22	11.9	13.5	21.8	24.2	26.3	25.0	19.6	22.1	24.1	23.3	24.8
金额/百万美元				129.3	153.8	203.2	256.0	212.9	253.6	326.2	332.7	350.0

表6-12 2013年我国主要地区活性炭出口明细表

序号	地区	出口量/(10^4 t/a)	所占比例/%	金额/百万美元
1	山西	8.04	32.44	90.64
2	宁夏	5.98	24.13	92.50
3	天津	3.31	13.36	53.86
4	福建	2.83	11.42	38.38
5	上海	1.90	7.67	36.36
6	江西	0.492	1.99	7.27
7	河北	0.38	1.53	5.12
8	江苏	0.368	1.48	6.04
9	浙江	0.361	1.46	5.91
10	其他	1.119	4.52	20.92
合计		24.78	100	326.19

至2007年,海关统计数字表明我国活性炭年出口量达到 $26×10^4$ t;到2008年,出口量略有下降,为 $25×10^4$ t,但产值却

比2007年有所提高，为2.56亿美元；2009年，活性炭出口量为近五年来最低，产值基本与2007年持平；随后几年，活性炭出口量开始增加，产值也相应提高，2010年活性炭出口创产值2.53亿美元，接近2008年水平；2013年出口活性炭创产值3.5亿美元，达到近五年来最高水平。因此可以认为，由于中国活性炭产品特别是煤基活性炭产品在国际市场上有巨大的竞争优势，中国活性炭出口量还会稳步增长，中国活性炭工业也将具有良好的发展前景。

我国煤炭资源丰富，品种齐全，具有生产活性炭的优质资源，且劳动力相对便宜。因此，中国煤基活性炭产品在国际市场上具有很大的价格优势。我国的煤基活性炭产品，尤其是中、低档次品种的价格竞争力在全球范围内鲜有对手。近年来，在其他发展中国家和地区，活性炭工业发展较快的是东南亚的菲律宾、印度尼西亚、越南、马来西亚等国，但这些国家在资源、人力、生产等方面的成本和我国相比没有优势，且目前生产规模较小，在未来几年内仍然不可能向我国活性炭的国际市场地位发出有力的挑战。

虽然近十几年来国外活性炭产品价格一直呈上涨趋势，但由于我国活性炭企业数量多、产品单一，规模小，活性炭产品销售无序竞争严重，造成中国活性炭产品销售价格严重偏低。前几年，由于我国活性炭产品出口量大幅度增加，造成国际活性炭价格也停止上涨，甚至有下降的趋势。但这种现象只是暂时的，随着我国活性炭产业结构的调整及部分活性炭企业关、停、并、转，随着我国经济秩序的好转及活性炭企业规模的扩大，中国活性炭行业一定会走出低谷，走上健康发展的轨道。近两年，我国活性炭价格逐步回升，2010年我国活性炭产品价格和2009年相比上涨了约6%，部分煤基活性炭产品供不应求。因此，从长远观点来看，我国活性炭产品价格肯定会不断提高，并逐渐与国际市场接轨，从而使我国的活性炭生产企业取得越来越好的经济效益。表6-13列出了近十年中国活性炭的出口价格。从表中可以看出，近五年活性炭出口价格上涨比较快，2010年活性炭出口价格是2005年活性炭出口价格的2倍，达到1.15美元，为十年来的最高价格。

表 6-13 近十年中国出口价格统计表

年份/年	1998	1999	2000	2003	2005	2006	2007	2008	2009	2010	2011
价格/($/kg)	0.537	0.602	0.572	0.532	0.592	0.634	0.773	0.978	1.09	1.15	1.35

同时，由于活性炭生产对原料要求比较高，并不是所有的煤种都适合生产活性炭，只有少数煤种能完全满足目前的生产要求。因此，随着我国煤炭行业的整顿，煤炭资源集中化程度的提高，活性炭生产将会逐渐转移到少数大型活性炭生产企业，活性炭生产企业规模扩大，但活性炭生产企业的数量将大幅度减少，从而改变目前这种市场竞争无序的状况。因此，可以预测，未来一个时期内我国活性炭价格将会一直处于上涨的趋势。

6.2.3 目前我国煤基活性炭行业存在的主要问题

近年来，我国活性炭工业有了很大发展，已经成为世界上最大的煤基活性炭生产国和出口国，但是也存在着一些问题，主要包括：

1. 产品档次不高，价格低廉

我国活性炭产量增长很快，但绝大部分为中、低档产品，在质量、品种方面仍存在一些问题。缺少低灰、高强度、高吸附性能、具有特殊用途的活性炭产品，高档品种尤其是一些新类型品种的生产能力严重不足，甚至是空白，产品的附加值较低。国内产品在国际市场上的定位导致售价较低，只能通过庞大的产量来占领市场。

2. 生产工艺、生产设备落后

目前国内大部分煤基活性炭企业的生产工艺比较落后，主要通过单种煤来进行生产，产品质量对原料煤依赖严重。生产设备普遍生产能力较小,自动化程度较低,不利于大规模、连续化生产。

3. 企业规模普遍较小,生产无序

我国活性炭行业没有一个统一的业内机构去指导市场,活性炭企业各自为政。目前全国有 300 多家活性炭生产企业,仅宁夏石嘴山市就有 40 多家,其中大多是年产几百吨到几千吨的小企业。小企业过多导致互相之间恶性竞争,从而引起整个行业利润下降。

4. 新产品开发力度不足

目前绝大部分生产企业没有研发部门,新产品的研究、开发、生产和管理水平滞后,影响了煤基活性炭行业的长期发展。

近年来国内活性炭生产企业已经逐渐认识到上述问题,部分企业已经开始通过设立研究院或与专业的研究机构联合的方式加大研发力度,新建的生产企业也开始向大型化、自动化方向发展。

6.3 煤基活性炭的发展趋势

现有研究表明,传统的活性炭生产强国如美国、日本、欧洲各国等发达国家的活性炭生产逐步减少,这种态势在近几年表现得尤为明显,中、低档品种很少甚至基本不生产。反观其市场需求,由于活性炭应用领域的不断扩展和深化,尤其是在汽车、溶剂与废气回收、空气净化、食品、水处理等行业,发达国家对活性炭的需求在过去几年里一直保持稳步增产的趋势。可预测在 21 世纪的头十年,发达国家活性炭需求会是一个小幅稳步增长的态势,因此,我国活性炭产品就有了填补这部分市场空白的机会。

6.3.1 煤基活性炭生产发展趋势

目前,世界活性炭工业生产有如下特点:

(1) 世界活性炭的工业生产已从西方转向中国等发展中国家,这种产业的转移在 21 世纪中期将持续进行;

(2) 由于全球采用更加严厉的环保法规,活性炭的需求将进一步增长,水处理一直是活性炭消费的巨大市场,同时也是最重要的增长领域;

(3) 其他需求增长较快的领域包括气体处理,美国在此领域的消费量中期内将增长 5%;

(4) 燃煤火电厂排放气体的净化将是活性炭最大的潜在市场,预计美国在此领域的活性炭需求到 2018 年将达到 $42\times10^4 t$;

(5) 由于人们对可能的生化恐怖袭击高度关注,核、细菌以及化学防护过滤器和个人防护服装对活性炭的需求也将逐步增加。

从上述分析可以看出,世界活性炭的需求是增长的,而环境保护措施的不断改善是其增长的主要推动力。由于活性炭生产企业目前进入门槛低,造成活性炭生产的发展速度高于需求的增长速度,尤其是中国等发展中国家,中、低档活性炭的大量生产,一度造成国际活性炭价格下降。随着中国活性炭产业结构的不断调整,小规模低起点活性炭生产企业的关、停、并、转,这种局面必将被改变。

活性炭产品性能对用户的使用情况影响非常大,产品的性能决定了活性炭的市场竞争能力。因此,国外活性炭企业非常重视活性炭技术的研究开发,提高产品性能,以保护和开拓活性炭的应用市场。

目前我国活性炭企业普遍规模较小,经济实力较差,技术力量薄弱,没有规模效益,只是依托资源优势在目前激烈的市场竞争中求得生存,很难有大的发展,也很难和国外大型活性炭企业竞争。市场研究表明,目前工业发达国家运行良好的活性炭企业生产规模一般在 $2\times10^4 t/a$ 以上,而世界上最大的两家活性炭企业美国 Calgon 公司和荷兰 Norit 公司的全球总产能均在 $10\times10^4 t/a$ 以上。因此,为了与国外大型活性炭企业竞争,必须保证较大的生产规模。

国外大型活性炭企业使用的现代化生产设备普遍具有较大的生产能力。以美国 Calgon 公司为例,用于生产压块活性炭的压块设备单台生产能力可达 $5×10^4$ t/a,活化设备单台生产能力可达 $1×10^4$ t/a。因此,为保证充分利用现代化生产设备,也必须具备足够大的生产规模。

从活性炭产业的发展现状看,我国活性炭产品已从介入期进入成长期,处于介入期进入成长期的过渡时期。在此阶段内,我国活性炭产品市场需求急剧膨胀,活性炭产业将高速发展,行业内企业数量增加,并进行产业内部经济结构调整,产品质量提高,产品市场细分,生产成本下降,活性炭企业向规模化、连续化、自动化方向发展。未来 10~20 年,在我国形成 $80×10^4$ t/a 活性炭生产能力是完全可能的,是符合市场经济发展规律的。

同时,随着我国煤炭行业的整顿和煤炭资源集中化程度的提高,活性炭生产将会逐渐转移到少数大型活性炭生产企业,生产规模不断扩大,企业数量不断减少,从而改变目前这种市场竞争无序的状况。

6.3.2 煤基活性炭的应用发展趋势

我国是世界上最大的活性炭出口国,近三年活性炭出口量都在 $25×10^4$ t 左右。传统的活性炭生产强国如美国、日本、欧洲各国活性炭的生产逐步减少,中、低档次活性炭已很少甚至基本不生产。反观活性炭的市场需求,活性炭的应用领域不断扩展和深化,尤其是在水处理、食品、汽车、溶剂与废气回收、空气净化等行业,发达国家对活性炭的需求在近几年一直保持稳步增长的趋势,在 21 世纪的前 10 年,发达国家活性炭需求会是一个稳步增长的态势。因此,具有竞争优势的中国活性炭出口量将继续增长,预计到 2018 年中国活性炭出口量将超过 $30×10^4$ t/a,比 2014 年增加 $5×10^4$ t 以上。

第六章 煤基活性炭的现状与发展趋势

近十几年来,随着我国经济的飞速发展及环保力度的加强,国内活性炭的需求也以较快的速度增长。其中城市供水的净化是活性炭最大的应用领域,而火电厂烟气净化是活性炭未来最有发展前途的应用领域。表6-14列出了CEH统计的活性炭在各个应用领域的消费情况及未来的增长情况。从表中可以看出,2009年,全世界用于水处理的活性炭消耗量为40.0×10^4t,占活性炭总消耗量的48%,紧跟其后的是空气和气体净化领域,消耗量为19.6×10^4t,所占比例为24%;到2014年,用于空气和气体净化领域的活性炭将达到63.1×10^4t,占活性炭总消耗量的45%,所占份额将超过水处理用活性炭跃居首位,年平均增长率(2009~2014年)高达26.3%;水处理用活性炭也将保持较高的增长率,约为4.1%,总消耗量达到49.0×10^4t,所占份额为35%。据统计,我国活性炭的需求量以年均约10%以上的速度增长。所以,生产用于上述领域的各种活性炭产品,是煤基活性炭今后的发展趋势。

表6-14 活性炭在各个应用领域的消费量(全世界)

应用领域	2009年		2014年		年平均增长率/% (2009~2014年)
	10^4t	总量百分比/%	10^4t	总量百分比/%	
水处理	40.0	48	49.0	35	4.1
空气及气体净化	19.6	24	63.1	45	26.3
食品加工	10.3	12	11.4	8	2.0
化工、医药及矿业加工	9.4	11	10.5	8	2.2
其他	4.0	5	4.8	4	3.7
合计	83.3	100	138.8	100	10.8

随着我国人民生活水平的提高和环保意识的增强,国内用于净化空气及城市供水的活性炭用量也在大幅度上升。以城市饮用水深度净化为例,北京、上海、天津、深圳和广州等大城市用于城市自来水深度净化的活性炭目前年需求量在$(8\sim10)\times10^4$t,

而我国已经有越来越多的城市准备采用活性炭对城市供水进行深度净化处理,因此在未来几年国内城市供水净化所需活性炭将大幅度增加,预计到2018年我国城市供水需活性炭将超过15×10^4 t。因此我国城市水处理行业活性炭需求潜力很大。

根据国家制订的《污染物排放总量控制计划》,我国将严格控制污水排放总量,工业废水处理率在2010年达到了80%以上。活性炭可广泛用于处理电镀厂的含铬废水、焦化厂的含酚废水、毛纺厂的染色废水、化工厂的含油废水、农药厂的有毒废水等各类工业废水。2014年工业废水处理用活性炭需求量约$(6\sim8)\times10^4$ t。因此在未来几年工业废水处理用活性炭需求量将大幅度提高,预计到2018年工业废水处理用活性炭需求量将超过10×10^4 t。

在制糖工业中,活性炭脱色已逐渐取代了原来的硫磺熏蒸脱色精制方法。按照国外食糖精制中0.3%~1.0%的活性炭用量计算,我国食糖精制每年至少需要$(3.3\sim11)\times10^4$ t活性炭。在油脂工业中,脱色过程活性炭用量也很大,目前大约有1.5~2.0 t/a的需求潜力。

近几年,我国汽车行业得到了快速发展,目前有1.5×10^8辆汽车在使用,消除汽车带来的环境污染已迫在眉睫。汽车对大气的污染主要是汽车尾气和燃油气体的蒸发,而活性炭可吸附汽油蒸气,随着科学技术的发展,专门用于吸附燃油蒸气的活性炭性能不断提高。控制汽油散发的活性炭又叫丁烷炭,为了控制汽车和加油站在加油时汽油散发对大气的污染,世界各国都推行了强制性的环保标准,所以现代燃汽油的汽车上都必须装有炭罐,而加油站储油罐的污染控制也列上了议事日程。根据中国国家标准GB 20952—2007加油站大气污染物排放标准要求的实施日期:北京、天津、河北为2008.05.01;上海、广州及其他长三角、珠三角地区实施日期为2010年01月01日;中国其他地区实施日期为2012年01月01日。由此可见,未来丁烷炭的用量会越来越大。到2011年,汽车用活性炭消

第六章 煤基活性炭的现状与发展趋势

费量接近 2×10^4 t，对比 2000 年的年增长率为 7.4%。

随着国家对环境污染治理力度的加大，在 2010 年以前我国将对火电厂排放烟气全部进行脱硫处理，国家经贸委已印发了《火电厂烟气脱硫关键技术与设备国产化规划要点》。我国是世界上严重缺水的国家之一，在很多地区缺水现象相当严重，因此难以采用需大量用水的湿法脱硫技术，目前国内有关单位正在积极开发活性焦干法烟气脱硫技术，到 2014 年，如果有 5% 的电厂采用活性炭干法烟气脱硫技术，则我国烟气脱硫用活性焦年需求量将达到 $(12\sim15)\times10^4$ t 左右。

在黄金冶炼行业，随着活性炭"炭浆法"的推广使用，提取黄金用的活性炭使用量逐年上升。同时，由于我国活性炭生产技术的提高，我国化工行业需要的维尼纶载体炭已经完全由国内活性炭取代进口椰壳炭。

我国是森林覆盖面积很少的国家，随着生态环境保护力度的加大及森林法的实施，木质活性炭的生产原料将越来越少，代替木质活性炭的煤质活性炭产品需求将大幅度增加，预计到 2018 年代替木质活性炭的煤基活性炭年需求量将达到 3×10^4 t 左右。

综上所述，随着环境保护力度的逐渐加大及工业废水处理技术、活性焦干法烟气脱硫净化技术的推广应用，我国环境保护领域的活性炭需求量将越来越大，预计今后我国活性炭需求将高速增长，到 2018 年我国活性炭的年需求量可达到 $(35\sim45)\times10^4$ t 左右，其中城市水处理、工业废水处理、气体净化和烟气净化将是我国活性炭需求的主要增长点。

煤基活性炭产品是一种环保产品，随着环保力度的加大，国内外的需求量一直处于增长趋势，其中我国需求量增长最快；同时，由于国外活性炭生产成本高，国外活性炭产品很难进入中国活性炭市场。因此，这些市场需求均为我国煤基活性炭工业提供了巨大的市场发展空间。

中国经济目前运行的良好形势以及今后相当长时间里的强

劲发展势头，使得环境保护成为今后中国经济快速发展过程中必须严肃面对的主要问题之一，建设和谐社会，人与自然，人与环境的和谐，是其主要内容之一。作为一种主要用于水处理和气体净化的吸附材料，活性炭在中国经济的可持续发展过程中，具有不可替代的作用。

6.3.3 煤基活性炭行业面临的机遇和挑战

煤基活性炭作为新材料和碳素材料的一个重要分支，其综合的优良吸附性能和在国民经济部门的广泛应用，必将在新世纪里继续显示其旺盛的生命力，同时也将面临更多的发展机遇和挑战。

由于活性炭是一种小的化工产品，一般用户一次采购量比较少，用户分散，而且产品销售半径大，一国生产，多国使用，其销售范围为全球，而国外大型活性炭企业均有50年以上的发展历史，因此，开发新的用户是一个缓慢而艰巨的过程，发展的主要瓶颈是市场开拓问题。但是，市场一旦开发成功，其市场也是比较稳定的。近几十年来，在国际活性炭行业，美国Calgon公司和欧洲Norit公司引导世界活性炭发展潮流的格局一直没有大的改变。

同时，世界活性炭行业近百年的发展历史也说明，由于活性炭产品专业性比较强，而国内外研究活性炭的机构比较少，因此，处于市场领先地位的活性炭生产企业一直以来长期在国际活性炭行业占垄断地位，很难形成新的竞争对手。此外，煤质活性炭生产对原料、技术和经营均有一些特别的要求，而同时占据原料、技术和经营等方面优势的企业非常少，因此潜在的竞争对手比较少。

目前中国众多活性炭生产企业产品规模小，综合实力不强，这样就造成了大部分活性炭生产企业产品单一，生产环境恶劣，特别是新产品及新工艺开发能力极度缺乏，在世界活性炭市场没有发言权；再有，根据中国活性炭产品生命周期的分析，目前我国活性炭行业已从介入期转入成长期，按照经济运行的规律，产品处于成长期时，市场细分及形成垄断是其主要特征。因此，综合实力差，规模小的活性炭生产企业必然面临极大的淘汰风险；同时，由于中国国内活性炭应用市场的兴起以及经济秩序的规范，今后中国国内活性炭应用企业将全部采用招投标等合理公平的形式采购活性炭产品，这对规模大，技术先进，信誉高的企业，无疑具有更大的优势。

所以，在目前的形势下，我国数量众多的小活性炭企业将面临日渐狭小的市场生存空间，我国活性炭产业结构将会进行调整，向大型化、规模化的方向发展。因此，对中国活性炭行业，尤其是煤质活性炭行业来说，21世纪前20年是重要的战略调整时期。同时，未来10~20年，我国的活性炭国内市场需求也将进一步加大，所以对于煤质活性炭行业，21世纪前20年也是大有作为的重要战略机遇期。

因此，根据活性炭行业发展现状和内外部环境的变化，通过科技创新和结构优化两方面推进工作，才能使活性炭产业走经济、环境、社会"三赢"的可持续发展之路。在进行活性炭产业结构调整时，加快活性炭企业向规模化、自动化和符合环保要求的方向发展，提高企业的技术含量，加快我国活性炭生产向内蒙古、新疆、宁夏地区等具有资源优势的地区转移，争取再形成若干优势互补、内外结合、增值率高、创新能力强的活性炭经济增长带和产业群。在保持活性炭产业持续发展的前提下，走出一条科技含量高、环境污染少、比较优势大、人力资源得到充分发挥的新型工业化道路。